动植物多样性保护与生态林业建设探析

张丽萍　许加美　宋守旺◎著

吉林科学技术出版社

图书在版编目（CIP）数据

动植物多样性保护与生态林业建设探析 / 张丽萍，
许加美，宋守旺著. -- 长春 ：吉林科学技术出版社，
2023.5

ISBN 978-7-5744-0405-2

Ⅰ．①动… Ⅱ．①张… ②许… ③宋… Ⅲ．①森林－
生物多样性－研究②森林生态学－研究 Ⅳ．①S718

中国国家版本馆 CIP 数据核字(2023)第 096892 号

动植物多样性保护与生态林业建设探析

作 者	张丽萍　许加美　宋守旺
出 版 人	宛　霞
责任编辑	王丽新
幅面尺寸	185 mm×260mm
开 本	16
字 数	228 千字
印 张	10.25
版 次	2024 年 7 月第 1 版
印 次	2024 年 7 月第 1 次印刷

出 版　吉林科学技术出版社
发 行　吉林科学技术出版社
地 址　长春市净月区福祉大路 5788 号
邮 编　130118
发行部电话/传真　0431-81629529　81629530　81629531
　　　　　　　　　　81629532　81629533　81629534

储运部电话　0431-86059116

编辑部电话　0431-81629518

印 刷　北京四海锦诚印刷技术有限公司

书 号　ISBN 978-7-5744-0405-2
定 价　70.00 元

前　言

　　野生动植物是大自然的宝贵财富，但由于人类活动区域不断扩大，以及人们过度消耗自然资源，当前野生动植物的栖身地受到严重威胁。我国提出了野生动植物保护及自然保护区建设工程，以便更好地保护野生动植物赖以生存的生态环境家园，也有利于保护动植物多样性。野生动植物资源包括许多种类的生物资源，是复杂生态系统的构成元素。若原生态物种被破坏，会对生态系统整体产生巨大的影响。因此，要做好野生动植物保护工作。

　　林业发展是自然生态环境保护和自然资源保护的重要手段。森林资源是重要的自然资源，是林地及其相关有机体的总和。森林资源是地球上生物多样性的基础，是以林木资源为主，涵盖了植物、微生物等其他自然环境因素。森林资源在保护环境、净化空气、防风固沙、调节气候、减轻旱涝等自然灾害、降低噪声等方面具有非常重要的作用。同时，森林资源为野生动植物提供生存空间，是天然的动植物乐园，养育着多种多样的珍贵的野生动植物及珍贵的中草药材。因此，重视林业发展、保护生态环境具有非常重要的现实意义。

　　在人类社会组成当中，动植物是极为重要的组成部分，有助于体现社会发展的多样性。在新的发展形势下，动植物资源的重要性充分体现出来，各级各部门围绕着动植物资源保护也进行了各种形式的探索。基于此，本书从动植物多样性保护的角度分别阐述了相关的内容，并对生物多样性保护公众参与机制进行详细的分析与探索。林业是生态环境的主体，对经济的发展、生态的建设及推动社会进步具有重要的作用和意义。最后，对林业发展及生态建设的相关部分进行总结与分析。

　　本书的写作凝聚了编者的智慧、经验和心血，在写作过程中参考并引用了大量的书籍、专著和文献，在此向这些专家、编辑及文献原作者表示衷心的感谢。由于编者水平有限及时间仓促，书中难免存在一些不足和疏漏之处，敬请广大读者和专家给予批评指正。

著者

2023 年 7 月

目　录

第一章　动物多样性保护

第一节　中国脊椎动物多样性

一、中国哺乳动物多样性

（一）中国哺乳动物概述

中国幅员辽阔，物种丰富，是全球唯一一个跨越两个动物地理区划带的大国。中国陆地面积达 960 万平方千米，地理地貌包含高原冻土、山地森林、戈壁荒漠、平原草地和湖河湿地等多种类型；森林植被类型多样，从寒温带针叶林、暖温带针阔混交林、温带落叶阔叶林、亚热带常绿阔叶林到热带雨林均有分布。以喜马拉雅山脉、横断山脉、秦岭和淮河一线划分开了古北界和东洋界，形成了特色鲜明的"南北方动物"栖息地。我国所在的古北界包含东北、华北、内蒙古、新疆、青藏高原这几类各具特色的地理区域，形成了气候寒冷干燥的"中国北方动物"栖息地；而我国所在的东洋界则包含华中丘陵、江南水乡和世界生物多样性热点地区——西南山地，这组成了气候温暖潮湿的"中国南方动物"栖息地。特别需要指出的是，世界第三极——青藏高原的出现，为我国高原动物群提供了独特的栖息地类型。

随着科研工作的深入、科研项目和经费的增多、动物系统分类学的发展、分子生物学技术的应用，以及最近十余年来红外相机的大量使用，令中国哺乳动物的物种、种群和分布区研究越来越清晰。中国是世界上兽类多样性非常丰富的国家之一。

（二）中国哺乳动物类群

根据《中国哺乳动物多样性》的记录，我国分布有劳亚食虫目、攀鼩目、翼手目、灵长目、鳞甲目、食肉目、海牛目、长鼻目、奇蹄目、偶蹄目、鲸目、啮齿目、兔形目共计 13 个目的哺乳动物。可以概括分为陆生食肉类动物、海洋哺乳类动物、灵长类动物、食草类动物、啮齿类动物、食虫类动物、翼手类动物。

（三）中国哺乳动物保护

我国实行国家公园体制，目的是保持自然生态系统的原真性和完整性，保护生物多样性，保护生态安全屏障，给子孙后代留下珍贵的自然资产。这是中国推进自然生态保护、建设美丽中国、促进人与自然和谐共生的一项重要举措。可见，我国政府对于自然保护地建设极为重视。

我国政府对于大熊猫、川金丝猴、麋鹿、普氏野马等野生动物的宣传和保护可谓家喻户晓。以国宝大熊猫为例，为拯救大熊猫，中国政府几十年来投入了大量的人力、物力和财力。

我们要正确面对我国野生动物的现状。我国哺乳动物的保护依然面临着严峻局面，目前仍有近200种哺乳动物处在受威胁的等级状态，濒危哺乳动物占哺乳动物总数的比例远高于世界平均水平。我国哺乳动物的研究、保护和宣传教育工作依旧任重道远！

二、中国鸟类多样性

（一）中国鸟类概述

中国地大物博、幅员辽阔、自然环境复杂多样、海岸线弯曲绵长，为鸟类栖息带来了诸多有利条件。自新中国成立以来，鸟类学研究取得了突飞猛进的发展，关于我国鸟类区系分类与分布的家底调查也日益完善和精准。进入21世纪，观鸟人群的壮大与专业程度的提升，对我国鸟类物种丰富度的提升起到了不小的作用。

中国鸟类物种多样性丰富，复杂多样的自然生态类型和多样的物候条件为鸟类的分布和演化提供了优越的条件，使中国成为世界上鸟类多样性最为丰富的国家之一。

中国是全球12个生物多样性特别丰富的国家之一，野生动物物种兼具两个动物地理区划——古北界和东洋界的特征。喜马拉雅山脉以东至秦岭山系和淮河一线是有效的天然屏障，成为两大动物地理区划带的分界线。作为全球唯一一个跨越两个动物地理区划带的大国，有关我国鸟类物种丰富度的研究一直受到全球科研工作者和观鸟人士的关注。

（二）中国鸟类类群

根据《中国鸟类观察手册》的记录，我国分布有雁形目、鸡形目、潜鸟目、䴙䴘目、鹱形目、红鹳目、鹲形目、鹳形目、鲣鸟目、鹈形目、鹰形目、鸨形目、鹤形目、鸻形目、沙鸡目、鸽形目、鹃形目、鸮形目、夜鹰目、雨燕目、咬鹃目、佛法僧目、犀鸟目、鹭形目、隼形目、鹦形目和雀形目共计27个目的鸟类类群。按照传统生态类群，分为游禽、涉禽、猛禽、陆禽、攀禽和鸣禽。

（三）观鸟与中国鸟类保护

飞翔，自古以来就承载着人类的梦想。鸟类美丽和灵动的飞翔总是令人羡慕和着迷，鸟类的羽色是动物世界中最为艳丽和多样的，鸟类的鸣唱是世上最美妙和动听的旋律，鸟类的迁徙又是那样独特和不可思议。可以说，鸟儿是自然界生物进化最美丽的音符。鸟类在爬行动物的进化历程中脱胎换骨，凭借着双翼翱翔于天空，羽毛、翅膀是鸟类区别于其他动物的标志性"配件"。鸟类独特的骨骼结构、运动器官、呼吸系统承载了飞翔的重任，完成了从陆地到天空的飞跃。飞翔，是鸟类的骄傲。鸟类婉转的歌喉、多彩的羽色、完美的舞姿、优雅的体态、婀娜的身姿成为世上最亮丽的风景。

鸟类，是人类最喜爱的动物类群。民众观鸟人群之庞大令人惊诧，民众观鸟活动对于助力鸟类科学研究工作、保护鸟类栖息地和转变老百姓的生态观念起到了重要作用，这种公众参与或者说是助力科研的状况是其他类群野生动物的研究工作中极少出现的现象。

我国的各类自然保护区已接近 3 000 个，占陆域国土面积已超过 15%。2020 年，我国已经建立 10 个国家公园体制试点单位，加大了对我国自然保护地的建设和保护力度，目前这些保护地中不乏以鸟类保护为核心的保护区域。如：董寨鸟类自然保护区、鄂尔多斯遗鸥自然保护区、大连老铁山自然保护区、丹东鸭绿江口滨海湿地自然保护区、黑龙江扎龙自然保护区、盐城湿地珍禽自然保护区、上海崇明东滩鸟类自然保护区、江西鄱阳湖南矶湿地自然保护区、山东荣成大天鹅自然保护区、贵州宽阔水自然保护区、云南会泽黑颈鹤自然保护区、陕西汉中朱鹮自然保护区等一大批国家级和省级自然保护区。国家公园更是以超大面积的保护区域对当地生态系统中所有生物进行整体性的保护，当然也包括鸟类。

国际上有许多大规模的鸟类监测项目，这些项目既能促进大众对鸟类的了解和对保护鸟类重要性的认识，更有助于科研工作者了解鸟类的分布、种群动态和迁徙规律等。我国的鸟类监测也在进行之中。随着鸟类学研究队伍的壮大和公众对观鸟兴趣的不断提高，我国公众的参与可以覆盖更大地理范围的鸟类学调查与监测项目。事实上，只要把观鸟者的准确记录信息汇集在一起，就可以反映出一个地区长期的生物多样性变化。

我国政府对于朱鹮、丹顶鹤、黄腹角雉等野生鸟类的宣传和保护可谓家喻户晓。提到鸟类的保护，最值得一提的是我国对于朱鹮的开创性工作，这是人类拯救濒危物种的成功典范。

近几十年来，随着分子生物学及相关技术方法在鸟类学研究中的应用，鸟类系统学研究得到了快速发展，鸟类系统分类逐渐由依赖于表现型转向以基因型为依据。目前，这些技术已经被基于线粒体 DNA、核基因，以及全基因测序，结合鸟类鸣声和生态学、行为学特征的分析研究，在鸟类的分类地位、系统演化、谱系地理学及保护遗传学等领域开展研究已经成为鸟类学一个重要的发展方向。分子生物学研究方法在鸟类系统分类学中的科学应用，成为全球鸟类分类系统多次调整和物种数不断攀升的重要原因之一。我国鸟类学的发展已经对世界鸟类学和整个科学领域的发展做出了巨大贡献！

三、中国两栖爬行动物多样性

（一）中国两栖爬行动物概述

两栖爬行动物是两栖纲和爬行纲动物的统称，两栖动物包含我们所熟悉的蛙类、蟾蜍、鲵类和蝾螈等，爬行动物包括各种蜥蜴、龟鳖、鳄类和蛇等。两栖爬行动物在脊椎动物中占有重要的分类地位。其中，两栖动物是水生动物到陆生动物的过渡类型，它们的身体结构基本具备了陆生脊椎动物的形态结构，也就是说既保留了适应水生生活的特征，又具有开始适应陆地生活的特征，是研究四足动物的起源与其演化的关键代表。虽然在生活史周期中卵外没有任何保护装备，幼体也是在水中用鳃呼吸，但它们能够经历变态发育，在短期内变为营陆地生活、以肺呼吸为主，变为有五趾型四肢的成体，在这一点上，两栖动物比鱼类得到了更全面和智能的进化。

爬行类动物是真正的陆生脊椎动物，哺乳动物和适应飞翔的鸟类都是由爬行动物演化而来的。因此，爬行动物的存在是脊椎动物的演化过程中至关重要的一环，按照地质年代，爬行类动物是由3亿年前石炭纪末期原始两栖动物中的迷齿螈亚纲的一支衍生出的爬行纲动物，从此，陆生脊椎动物开始在地球上逐渐占据了统治地位。然而，爬行纲动物身体有机结构的完善程度并没有登上动物界进化的巅峰，与进化更高级的哺乳动物和鸟类相比，它们在身体有机结构上还有很多低级的地方，其中爬行纲的动物自身活动产生的热量较少，它们的体温调节机能并不完善，不能维持体温恒定，使得它们在很大程度上特别依赖环境温度，因此，它们不能生活在温度过高或过低的环境下，继而会在炎热的夏季或者寒冷的冬季出现蛰伏状态（夏眠或冬眠）。同时，爬行纲动物对于外界环境刺激的反应能力也没有哺乳动物和鸟类强。

（二）中国两栖爬行类群与分布

1. 两栖纲

现生两栖动物共3目44科446属，全世界共有7 579种。我国共记载现存的两栖动物有3目13科86属454种和亚种。其分布主要见于秦岭以南，西南、华南山区的属、种较为丰富，西北、华北、东北、内蒙古及新疆地区种类很少。

2. 爬行纲

（1）鳄形目

该目是爬行类动物中现存最高等的一个类群，心室分两室，留有一孔相通，气、血液循环已经接近完善的双循环了。其中，我国的扬子鳄和美洲的密河鳄是鳄类过去在北方分布的唯一孑遗，而扬子鳄是我国鳄形目唯一的一个种类，也是现今世界上最小的一种鳄鱼种类。扬子鳄身上还能见到很多古老的爬行动物身上的特征，故被称为"活化石"，扬子鳄的存在对研究古生物和古地质学都有积极深远的作用。扬子鳄现为中国长江流域特有的爬行动物，有上亿年的进化史，在我国仅分布于安徽省长江以南、皖南山系以北的丘陵等地带。近年来，我国科学家历经多年努力成功繁殖了大量个体，从而使濒临灭绝的扬子鳄得到了有效的繁殖和保护。该物种一直属于国家一级重点保护野生动物。

（2）龟鳖目

该目可水栖、陆栖或在海洋生活，是爬行纲中最为特化的一类。该目脊柱和肋骨与背甲愈合，无颞窝。其上下颌无齿，有角质鞘。其体背和腹面有坚硬的甲板，甲板外面有角质鳞片或厚皮。寿命较长，一般数十年，分布于温带与热带。

（3）有鳞目

有鳞目是水陆两栖、穴居及树栖生活的类群。它们特化的头骨具有双颞窝，它们体表满被角质鳞片，雄性具有成对的交配器官，几乎遍布全球，分为两个亚目，即蜥蜴亚目和蛇亚目。

（三）中国两栖爬行动物的保护

我国幅员辽阔，山形地貌绵延千里，有世界上最高的山、最广阔的河谷平原，也有温热潮湿的热带雨林、风沙走石的大漠景观，正是复杂多变的生境孕育了丰富多样的生物。但由于人类活动的影响，全球两栖爬行类动物种群的衰退现象极为明显，从而越来越多地受到社会各界的关注。目前，我国两栖爬行类动物的生存情况都不容乐观，不少都处于受威胁状态，从而导致个别类群的分类研究难以进展，尤其是龟鳖的分类研究正面临重重困境，就两栖纲动物种的龟鳖目来说，全部的龟鳖目动物都有着自身独特的科学研究意义。

如果想要尽快改变极危物种的现状，需要更多栖息地调查和保护工作的开展。因此，近年来国家倡导的退耕还林还草工程，以及生态工程建设，如：天然林保护工程的实施，明显缓解了生境丧失的退化趋势。与此同时，建设两栖动物和爬行动物多样性监测和研究信息系统，开发监测数据模拟及分析系统，评价保护成效，为制定生物多样性保护宏观战略提供支撑，是未来有效保护两栖爬行类动物的方向。

四、中国鱼类动物多样性

（一）中国鱼类动物概述

鱼是终生生活在水中的变温（金枪鱼和少数鲨鱼例外）脊椎动物，通常用鳃呼吸，用鳍运动并维持躯体平衡，大多有鳞片和鳔。在漫长的进化中，鱼类初始于距今4.2亿年前古生代的泥盆纪时期，中生代的侏罗纪是鱼类的中兴时期，直到新生代的第四纪，鱼类迎来了全盛时期。当人类社会开始活跃之后，人们意识到鱼类不仅能够给人类带来优质蛋白等食物资源，在沿海地区还能成为人们生产和生活的重要产业。

（二）中国鱼类类群与分布

鱼类分类学是最古老的一门学科，经过长时间的进化过程，以及科学发展的历程，现如今的鱼类分类已经不完全依靠外部形态特征了，更多运用一些鱼类生物学、生态学、生理学的最新研究成果，以及鱼类地理学、古鱼类学等的鱼类分支学科的研究。中国淡水鱼类的 1 050 种鱼类中,大体可以分属下列四大类:①圆口类;②软骨鱼类;③软骨硬鳞鱼类;④真骨鱼类。

(三)中国鱼类动物保护

目前,我国乃至世界海洋鱼类的危机是空前绝后的,曾经的"海洋四大渔业"指的是捕捞大黄鱼、小黄鱼、带鱼、墨鱼,现如今大黄鱼已成珍稀鱼类,人工育苗的品种性成熟提前,生长缓慢且肉质变差;小黄鱼则严重衰退;海洋中曾经的捕捞优势物种现如今的比例都严重下降。而我国淡水鱼类的种群数量也在急剧下降,很多种类如不加以保护,极有可能在短期内濒临灭绝。首先,造成鱼类资源危机的主要因素之一就是水体污染,人类经济活动带来的水体长期污染,其主要污染物有 COD、氨氮、石油类等;另外是重金属污染。这其中工业污染排放物是水体污染的主要源头。其次是农业污染,很多农药和化肥的使用,导致很多毒性强的有机农药不易分解,随着雨水冲刷引入水体。最后是生态环境遭到破坏,主要是垦耕过度,甚至在耕作区域内拦河堵坝,这样的建设无异于与鱼争水,而沿海建设海港、工厂、码头等设施前都要排干湿地的水,铺上混凝土,这就导致了鱼类大面积丧失生活环境和育苗场所。要知道,湿地是地球之肾,湿地是很多鱼类生物的天然家园,但是人为的建设活动会对鱼类起到一刀切式的打击。所以,对于鱼类的保护迫在眉睫,在生态防治中可以通过微生物降解转化污染物的能力,去除、消除或缓解环境污染问题。除此之外,要依法治渔,我国政府陆续颁布了《中华人民共和国水污染防治法》《中华人民共和国渔业法》《中华人民共和国海洋环境保护法》《中华人民共和国清洁生产促进法》《中华人民共和国环境保护法》等。

综上所述,鱼类栖息地的保护与修复是河流生态保护工作中最关键的一个环节,这一切都需要企业、科研机构、政府等各方共同推进。

第二节　中国无脊椎动物多样性

一、中国节肢动物多样性

我国跨越热带、亚热带和温带三个气候带,地势复杂,拥有多种类型地形地貌,为动物提供了适宜和优良的栖息地,使得我国的无脊椎动物的种类和区系异常丰富。而节肢动物是地球上进化最成功的动物,海洋中、淡水中、陆地上,它们的数量让其他动物群体望尘莫及。节肢动物门是动物界中最大的一个门,其种类约占无脊椎动物种类的 82.6%,已描述的种类约有 130.2 万种。分类学家预估节肢动物种类可能达 500 万种,甚至接近 1 200 万种。

节肢动物最主要的特征是身体由数个体节构成，两侧对称，并出现了分节的附肢；它们普遍具有异律分节现象，也就是某些体节进一步愈合集中为不同的体段。节肢动物体表覆盖着几丁质的外骨骼，体壁坚硬，像盔甲一样保护柔软的内部器官，但是同时会限制个体的生长和活动，因此节肢动物具有蜕皮生长的习性。

我们的生活中处处充满着节肢动物的踪影，夏日夜间你的耳边一定少不了"嗡嗡"叫的恼人蚊虫，水果、肉类等食物放久了一定会引来果蝇或绿头苍蝇的光顾，小溪边看看也许就发现了冲你张牙舞爪的螃蟹……不论你想与不想，节肢动物无处不在地影响着人类的生活；无论是好是坏，我们总逃脱不了和节肢动物发生各种联系。

节肢动物的高级阶元分类还存在争议，目前，普遍接受的是除了已灭绝的三叶虫亚门，将现生的节肢动物分为四个亚门，即六足亚门、螯肢亚门、甲壳亚门和多足亚门；其中，六足亚门和多足亚门主要分布在陆地上，而螯肢亚门和甲壳亚门主要分布在海洋中。

二、中国其他无脊椎动物多样性

无脊椎动物是一个令人难以置信的、极其多样化的动物大集合，除了没有脊椎这一共同特点外，它们各具特色，拥有从简单到复杂的多种形态和丰富多样的生活方式。

绝大多数无脊椎动物体形较小，但也有例外。

除节肢动物门外，其他无脊椎动物大多水生且大部分生活在海洋中（如：有孔虫、放射虫、钵水母、珊瑚虫、乌贼及棘皮动物等），部分种类也生活于淡水中（如：水螅和某些螺、蚌等），还有一些生活于潮湿的陆地（如：蜗牛等）。无脊椎动物大多数为自由生活，在水生的种类中，体小的以浮游生活；身体具外壳的或在水底爬行（如：虾、蟹），或埋栖于水底泥沙中，或固着在水中外物上（如：藤壶、牡蛎等）。无脊椎动物也有很多寄生的种类，寄生于其他动物、植物体表或体内（如：寄生原虫、吸虫、绦虫、棘头虫等）。有些种类，如：蛔蝈虫和猪蛔虫等可给人类带来危害。

（一）侧生动物的多样性

多孔动物门，旧称海绵动物门。多孔动物（海绵动物）是最原始、最低等的多细胞动物，细胞虽然已开始分化，但没有真正的胚层，更没有组织和器官。传统上认为这类动物在演化上是一个侧支，因此又名"侧生动物"。海绵动物为原始的水生固定底栖动物，体形多数不规则。体壁有无数的小孔，水流穿过小孔流入囊状的中央腔，再从大的出水孔排出。有一些种类具有由钙质、硅质或几丁质的骨针组成的骨骼作为支撑。海绵动物有惊人的再生能力，并能够进行体细胞胚胎发生。如果把海绵动物切碎，每一块都能独立生活并继续长大。海绵动物多数种类为雌雄同体。现存有描述的种类约有1万多种，主要有钙质海绵纲、六放海绵纲、寻常海绵纲三个纲。

（二）腔肠动物的多样性

原来的腔肠动物门分为栉板动物门和刺胞动物门。海葵、珊瑚虫和水母也许是肠腔动物门中最为人熟知的物种。

栉板动物门，亦称栉水母动物门，它们与其他水母不同的是触手上无刺细胞，但大多数有黏细胞，栉水母体表具有呈放射状排列的八排栉板。全世界约有100种栉水母，其中四五十种尚未被命名，从外表来看，栉水母更像植物，如：瓜、梨、球，或像一根扁平的带子，所以人们就用水果蔬菜来给它们命名，比如："海醋栗""海核桃""瓜水母"等。在科学分类上，栉水母分为两个纲：触手纲包括球栉水母目、兜栉水母目、带栉水母目、扁栉水母目；无触手纲包括瓜水母目。栉水母没有心脏、眼睛、耳朵，也没有血液和骨骼，水才是身体的主要成分。多数栉水母无色，在黑暗的环境下，它们会发出不同颜色的荧光。

刺胞动物门，身体辐射对称，体壁有表皮和肠表皮两层细胞，其间有中胶层，起支撑作用。刺胞动物以体表具有刺细胞为显著特征。主要是海生，仅有少数淡水物种，如：水螅。雌雄同体或异体。主要有八个纲：珊瑚纲、六放珊瑚纲、钵水母纲、海鸡冠纲、十字水母纲、立方水母纲、多足水螅纲、水螅纲。

（三）扁形动物的多样性

扁形动物门，开始出现两侧对称和中胚层，实现了三胚层的跨越，但仍无体腔，无呼吸系统和循环系统，有口，无肛门。体长为 1 ~ 250 毫米。营自由生活或寄生生活。雌雄同体，有性或无性生殖。主要有 3 个纲：涡虫纲、吸虫纲、绦虫纲。除此之外，还有腹毛动物门、轮形动物门、棘头动物门、颚胃动物门等。

（四）蜕皮动物的多样性

蜕皮动物总门除了最大的节肢动物门，还有线虫动物门、线形动物门、有爪动物门和缓步动物门等。

线虫动物门，是假体腔动物中最大的一个门，是最重要的海洋底栖动物之一。多数种类的体形为圆柱形。适应性强，各种自然环境基本都有，甚至包括极端环境。一半以上的种类为寄生性。通常为有性生殖。

线形动物门，也叫线形虫门，是与线虫很近似的假体腔动物，但不同的是线形虫的成虫无排泄器官，消化道退化。体长通常在 50 ~ 100 厘米，甚至有的种类可达两米。大多隶属铁线虫纲，少数种类为游线虫纲，经常在螳螂体内发现的铁线虫就属于这一类。

三、中国无脊椎动物保护

无脊椎动物在大自然中扮演着重要角色，是生态食物链必不可少的环节，如：无脊椎动物中"人丁兴旺"的环节动物，在淡水和海洋生态系统中它们是捕食线虫、端足动物的好手，但同时又是鱼、虾、蟹的美味佳肴；又如红虫，在淤泥里分解有机碎屑，净化水质，同时作为水中鱼、虾的天然饵料，为养殖业做出了巨大贡献。无脊椎动物还是众多植物和农作物繁殖过程中的"红娘"，它们的飞行和取食帮助大量植物传播花粉，是极其重要的类群，种类繁多的蝇类、蝴蝶、蛾子、蜂类、甲虫、蓟马，以及其他无脊椎动物对人类是十分有益的，譬如：蜜蜂传粉对提高各种水果和浆果的产量和质量至关重要，同时蜜蜂还能提供蜜蜂产业，维持众多蜂农的工作和生计。无脊椎动物，如：蟋蟀、黄蛉等鸣虫，提供各种社会和文化价值，更重要的是维持了生物多样性和生态系统的长期稳定性；土壤中的蚯蚓在疏松土壤、改良土壤理化性质、分解有机物中的作用无可比拟。无脊椎动物中的软体动物如乌贼、章鱼、牡蛎，甲壳动物中的小龙虾、大闸蟹都是很多人无比热爱的美食。甲壳动物的外壳还能够提取甲壳素，制成能够直接被人体吸收的手术用纱布及手术缝合线，也可制作人造血管、人工皮肤、止血剂等，还衍生出水处理产品、保健食品、农作物生长促进剂等一系列产品。药物中也少不了无脊椎动物的踪迹，除了中药，还有手术后恢复或者烫伤等治疗的药物康复新液就是利用美洲大蠊提取物制造并被广泛应用。

我们的衣食住行，生活的各个角落都充满了无脊椎动物的身影。有人曾说，如果一夜之间所有的脊椎动物从世界上消失了，世界仍然会安然无恙，但如果消失的是无脊椎动物，整个生态系统就会崩塌。

（一）昆虫"挡风玻璃现象"

低斑蜻是一种翅有八颗色斑、特别秀气漂亮的蜻蜓。20多年前每年4—5月的时候，低斑蜻曾在华东、华北地区广泛分布，时常出没于各种水边。然而在21世纪初，中国境内，乃至全世界范围内低斑蜻突然难觅踪迹。昆虫学家研究发现，全球气候变暖，很多其他种类的蜻蜓也在早春羽化，这种弱小的生物丧失了最有利的优势，因此大量消失。低斑蜻比我国当年旗舰物种大熊猫的濒危级（EN）还要高出一个等级，但与其他的濒危脊椎动物相比，作为昆虫的它少有人知，一直默默无闻。

生态学界提出过一个"挡风玻璃现象"，汽车在公路上疾驰，昆虫尸体的痕迹会布满挡风玻璃。然而，近年来撞上挡风玻璃的小飞虫越来越少，甚至根本不需要再清理。我国一直有着极为丰富的生物多样性资源，在乡村生活过的读者肯定见过夏日夜晚灯下到处飞舞的昆虫，但是也许这些昆虫里面，就有一些种类我们永远再也无法了解。

（二）无脊椎动物的保护

无脊椎动物作为自然资源的宝藏群体，被纳入一级和二级重点保护的种类相比脊椎动物少得多。我国无脊椎动物保护策略主要是通过保护栖息地进行多样性保育工作，通过保护寄主植物、避免生物入侵、人工饲养补充野外种群等措施开展物种丰盛度的保育。中华蜜蜂（简称中蜂）是中国土生土长的优良蜂种，分布在从东南沿海到青藏高原的30个省市，已经饲养有三千多年的历史。但随着意大利蜜蜂的引进，我国本土蜜蜂的栖息地不断被侵占，蜂类多样性也受到了很大的影响。为了保护中蜂，野生中华蜜蜂已被列入"'三有'名录"。我国已经设立中国五大中蜂保护区，分别是长白山中蜂保护区、湖北神农架中蜂保护区、沂蒙山国家级中华蜜蜂保护区、蕉岭县国家级中华蜜蜂保护区、江西上饶国家级中华蜜蜂保护区。保护和利用相结合，通过建立原始中蜂资源保存库，有效保护我国的本土蜜蜂的资源，发展相关产业。

仅占海底面积1%的珊瑚礁，为人类已知25%的海洋生物提供着赖以生存的家园，珊瑚是构建地球上生物多样性最丰富也是最脆弱的生态系统的框架性生物。但近年来，在人类活动和气候变化的双重影响下，不同地区的造礁石珊瑚覆盖率出现下降，多地区的造礁石珊瑚群落结构发生退化。人类活动被认为是中国南海造礁石珊瑚退化的主要因素。国家农业农村部将红珊瑚列为国家一级重点保护野生动物并出台系列保护措施。随后，被誉为"海底热带雨林"的珊瑚，有了全国性保护联盟——我国珊瑚保护联盟，这是我国继长江江豚、中华鲟、中华白海豚、斑海豹、海龟之后，第六个水生野生动物的全国性保护联盟。

我们人类也是自然界中的一个成员，认识野生动物，认识我们人类自己，了解并且与其他生命和谐共处，保护物种多样性，让自然界中的生物都有自由生活的权利，不相互打扰，是我们对自然、也是对我们人类自己最大的温柔。

第三节　中国野生动物保护成果

一、中国野生动物多样性保护

地球是一颗美丽的蓝色星球。她的美丽不仅仅在于蔚蓝的色彩，更在于其孕育的诸多生命。地球已经存在了46亿年，最早的生命记录出现在38亿年前。虽然生命诞生的高光时刻对于地球世界有着非凡的意义，但那时的生命一定是不起眼的星星点点。美国著名生物学家、生物多样性研究领域的领袖人物、美国国家科学院院士爱德华·威尔逊（Edward O. Wilson）甚至大胆预测地球的所有生物可能接近1亿种，而绝大部分是动物。从生命初始到如今纷繁复杂生态系统的形成，这个过程就是演化。

（一）中国的动物多样性

物种演化的结果，使生命的形式更加丰富多彩。我们现在用"生物多样性"这一概念来诠释地球上生存的所有物种（species），以及这些物种的所有基因或遗传多样性、它们所生活的生态系统的多样性。

在5.42亿年前的寒武纪，现代生物中所有的"门"一级的早期雏形奇迹般地在地球上出现了，这就是著名的寒武纪大爆发时期。如今，已被科学描述的动物物种约 150 万种，科学家估计现生动物的物种总数在 500 万 ~ 1000 万种，甚至更多。

虽然野生动物物种丰富，但并非均匀分布于世界各地，绝大多数的物种分布于热带和亚热带地区，占全球陆地面积 7% 的热带雨林容纳了全球半数以上的物种。我国幅员辽阔，地形、气候条件复杂，由于独特的自然历史条件，特别是第三纪后期以来，受冰川影响较小，我国保留了许多北半球物种。受青藏高原隆起影响，我国西南山地受冰期影响较小，许多物种得以幸存。冰期过后，我国西南地区成为诸多动物类群辐射演化的发源地，这也是我国生物多样性非常丰富的原因之一。我国与巴西、印度尼西亚、哥伦比亚、厄瓜多尔、秘鲁等 12 个国家并称为生物多样性特丰富的国家。

我国政府十分重视中国物种资源家底的调查和整理工作，先后成立了《中国植物志》《中国动物志》和《中国孢子植物志》编辑委员会。《中国动物志》的编研是有史以来首次摸清我国动物资源家底的一项系统工程，是反映我国动物分类区系研究工作成果的系列专著。40 余年过去了，虽然面临着分类学工作者后继乏人、分类体系变动较大、编写工作难度较大且绩效评价不高等困境，但我们依然期待这部巨著的完全面世。

一个国家的生物物种名录不仅可以直接反映国土上物种资源情况，还能体现这个国家生物多样性的丰富程度。因此，及时更新生物物种名录对于生物多样性研究和保护与利用实践都十分重要。尽管近年来对生物多样性的关注日益增强，但仍有许多物种尚未被发现，需要进一步对各个地区进行生物资源调查和研究。《中国生物物种名录》（2023 版）数据表明，2022 年，中国新增脊椎动物 117 种，隶于 17 目、43 科、70 属。这些新增物种包括新种 97 种，新记录 17 种，亚种提升为种级 3 种。新增物种涉及 27 个省域，其中，云南 37 种、西藏 19 种、广西和广东均为 14 种、四川 10 种，累计约占新增物种总数的 73%。我国十分重视生物多样性大数据工作，也是全球唯一一个每年都发布生物物种名录的国家。

（二）指示种、伞护种、旗舰种与保护生物学

自从智人创造人类文明以来，人类活动就对地球产生了巨大的影响。特别是在过去的几百年时间中，人类活动对于生态环境的影响已经超越了以往所有自然历史时期。诺贝尔化学奖得主保罗·约瑟夫·克鲁岑（Paul Jozef Crutzen）认为，人类已不再处于全新世了，已经到了"人类世"的新阶段。也就是说，他提出了一个与更新世、全新世并列的地质学新纪元——"人类世"。

20 世纪 70 年代，人类开始重新重视人类经济活动对自然环境的污染和野生物种的生存压力。随着人口急剧膨胀引发的环境问题日益突出，人们意识到，地球正在面临前所未有的生物多样性丧失。在这种历史条件下，保护生物学应运而生。保护生物学是为了保护现存物种和生态系统的综合性、多学科交叉的研究领域。这门学科有三个方面的主要目标：完整记录地球上的生物多样性；调查人类活动对物种、遗传变异和生态系统的影响；建立

可操作的方法来阻止物种灭绝，维持物种种群的遗传多样性，保护和恢复生物群落及它们的生态功能。

生物多样性保护是保护生物学的核心内容。生物多样性包括物种多样性、遗传多样性和生态系统多样性三个方面。物种多样性反映了演化的幅度及物种对特定环境的适应。遗传多样性对于任何一个物种生殖活力的维持、抗病性及环境变化的适应都十分重要。生态系统多样性来源于全部物种对多种环境的适应。沙漠、草原、湿地、森林中的生物群落维系了相应生态系统功能的完整性，这一点极其重要。

保护野生动物物种、保护物种在不同地理区域中的种群是属于保护物种多样性和遗传多样性的范畴。要做到物种及遗传多样性的保护，生态系统多样性的保护就显得尤为重要。指示种、伞护种、旗舰种的运用通常可以作为解决保护生物学问题的捷径。在我国，指示种、伞护种、旗舰种的运用通常会吸引公众对野生动物保护的关注，进而提升公众对野生动物保护、野生动物栖息地保护的关注度。

在保护生物学的研究中，鉴于一些物种与其他类群之间在生态特征、生境需求的相似性，保护生物学家常常运用某一物种或某一类物种作为"代理种"来研究物种保护及生境管理中的问题。如果细分"代理种"，可以包括指示种、伞护种和旗舰种。

指示种是指在生物学或生态学特征可表征其他物种或环境状态所具有的物种或一类物种，可包括生物多样性指示种和环境变化指示种。这类指示种应用较多，如：淡水虾、海龟类、某些昆虫、两栖爬行类和鸟类类群均作为各种不同类型状态的指示种。

伞护种是指其所生存的生态环境能够覆盖很多其他物种。伞护种得到了有效的保护，那么在伞护种栖息地生存的其他物种也得到了保护。因此，伞护种的概念往往被运用于以生境保护为目的。只有当伞护种不存在局地灭绝的风险时，它作为伞护种的作用才是有效的。所以，伞护种往往应该选择一些非濒危物种，如：东非塞伦盖蒂稀树草原中生存的塞伦盖蒂白须角马。

旗舰种主要是用来引起公众对其保护行动的关注，通过关注一个旗舰种和它的保护需求，便于管理和控制大面积生境，这不仅仅是为了这些备受关注的物种，而且是为了其他影响力较小的物种。旗舰种应该能够在公众层面为其保护活动聚焦关注，如：大熊猫、川金丝猴等。

在保护生物学的研究中使用代理种时，应首先明确保护的对象、目的和目标。明确研究目的，制定合理的标准并谨慎地选择代理种，才能有效地将指示种、伞护种、旗舰种的使用作为捷径来研究区域生物多样性状况，才能对野生动物保护、野生动物栖息地保护带来积极有效的作用。近年来，保护生物学的研究中心从单一物种的保护转移到了对物种栖息地及生态系统的保护。我国政府对大熊猫、川金丝猴、虎、雪豹等旗舰物种的保护起到了重要的作用。自然保护区和国家公园的建立就是基于对野生物种及其栖息地的保护。目前，我国的各类自然保护区已接近3000个，占陆域国土面积已超过15%。这些自然保护区的规划、布局与完善，为我国野生动植物的保护提供了基础。目前，我国已经建立10

个国家公园体制试点单位，这种超大面积的自然保护地对于生态廊道的修复、物种基因多样性的保持、生态系统服务功能的完善将发挥巨大作用。

二、实施动物多样性保护行动

（一）常规与制度保护

生物多样性的保护是一个严谨而系统的工程，既需要人民群众的共同努力，更需要国家的大力扶持，还有相应的法律法规的颁布，一切皆是为了更好地保护自然资源。首先，要加强人们对野生动物的保护意识，建立自然宣传教育职责体系，呼吁各级人民政府加强野生动物保护的科学知识普及和宣传教育，支持并鼓励基层群众、自治组织、企事业单位、社会组织及社会各界志愿者开展野生动物保护法律法规的宣传活动，要让公众了解野生动物资源在生态系统中起着不可替代的重要作用。其次，要加强校园里的自然科普基础教育，自然教育应该纳入小学、中学及大学的教材，学校也应该配备专业的教师并配套专门的图书和课程，确保学生接受科学、正确的野生动物保护的知识。除了走进校园进行自然科学教育以外，还要求对相关的执法部门及养殖业人员和宠物机构进行全面规范的野生动物知识教育和培训，致力于提高基层从业人员的专业素养，在掌握自身专业技能的同时还要掌握相关的法律法规，目的就是要确保相关从业人员能够识别入侵物种、掌握如何正确鉴定物种、了解国家重点保护的野生动物的种类，从而避免在从业过程中出现乱放生及定种混乱的情况。各个宠物行业相关人员应该做到在售卖前明确该宠物是否违反相应的法律法规、是否属于国家重点保护野生动物的范围。与此同时，还要明确各类宠物是否可以野外放生，避免因放生造成对于入侵物种的本地引入，从而破坏当地的生态环境。最关键的是，要加强调查监管的力度，各个自然保护区当中调查监管是最基础的工作，只有了解了区域环境的内部资源分布情况，才能对现有动物资源进行有效的保护与管理。可以发起鼓励公众共同监督野生动物案件，设立相应的奖励机制，激发社会大众参与的热情，从而建立全国统一的野生动物案件举报电话和网络平台，各级政府、公安机关应该积极和野生动物监管部门之间进行密切关注与合作。因此，推进修订及完善现行的法律法规是有效保护生物多样性有力的行动之一。

我国现有较为系统的野生动物保护法律法规，颁布的有关生物多样性保护的政策和法规已有30多项，与野生动物保护相关的主要有：《中华人民共和国动物防疫法》《中华人民共和国渔业法》《中华人民共和国野生动物保护法》《中华人民共和国进出境动植物检疫法》等，其中《中华人民共和国野生动物保护法》是最为重要的一个，从第一次颁布之后历经四次修改，在不断地强调野生动物资源性的同时，更侧重对作为资源的野生动物的合理利用。

目前，除了我国现有的一些野生动物保护相关的法律法规，以及不断更新的国家重点保护野生动物名录作为野生动物保护的参考，《全国人民代表大会常务委员会关于全面禁止非法野生动物交易、革除滥食野生动物陋习、切实保障人民群众生命健康安全的决定》的颁布实施，对有效地维护生态安全和生物安全，积极防范重大公共卫生风险，加强生态文明建设，促进人与自然和谐发展产生了重大影响。其中，明确了凡是《中华人民共和国野生动物保护法》中禁止捕猎、运输、交易及食用的野生动物，必须严格禁止，如有违反则加重处罚；全面禁止食用"三有"保护的野生动物，全面禁止以食用为目的捕猎、交易、运输在野外环境自然生长繁殖的陆生野生动物。

在国际上，我国将野生动物保护分类和名录积极地同国际公约接轨，在野生动物名录分类与管理上也同众多国际公约条例、附录，如：《生物多样性公约》《保护迁徙野生动物物种公约》《濒危野生动植物物种国际贸易公约》《卡塔赫纳生物安全议定书》《关于获取遗传资源和公正公平分享其利用所产生惠益的名古屋议定书》等密切结合，在确保体现中国特色的同时，与国际公约精神和理念相一致，从而确保并提高了我国野生动物保护方面的国际化水平。

（二）科学研究与科普宣传保护

科学技术是保护和持续利用生物多样性的基础，我国的野生动物资源丰富，应该深入发展相应的研究。由国家科学技术部、国家财政部批准认定了 30 个国家科技资源共享服务平台，形成了"国家标本资源库"，主要依托于中国科学院动物研究所，包括 13 家共建单位：中国科学院昆明动物研究所、中国科学院上海生命科学研究所、中国科学院成都生物研究所、中国科学院水生生物研究所、中国科学院西北高原生物研究所、中国科学院海洋研究所、中山大学、中国农业大学、西北农林科技大学、南开大学、中国科学院南海海洋研究所、河北大学和新疆大学。整合以上的动物标本资源是为了实现通过实体馆、门户网站等方式向社会进行资源共享，意在通过整合我国动物标本资源，制定、完善平台标准规范，从而组成先进的动物学研究队伍和高质量的动物标本管理，更好地开展动物标本的收集、整理、制作、保藏、研究等工作。与此同时，还完成了对我国标本资源的数字化建设，提高相应的科学管理水平，实现动物标本资源在国家建设、科学研究和科学普及等方面的服务功能。建立国家标本资源库主要也是为了加强重要物种及其遗传资源的保存和研究。目前，国内各个研究所、博物馆、大学、公益机构等都承担起了向公众科普野生动物保护的责任，目的是提高全民对野生动物保护的认识，让更多的人了解野生动物资源保护的真实价值，使全民重视、理解、支持并参与保护工作，亦可通过中小学教育、高等教育等有关环境课程来开展这方面的科普活动，并充分发挥各地的动物园、博物馆、标本馆和保护区的科普教育作用，使远离自然环境的城市居民了解野生动物资源与人类生活的密切关系，提高保护野生动物重要性的认识。

近年来，国家的整体政策方针也着重于发展生态文明建设，加强公众对于野生动物的了解与认识是一项基础性工作。同时，国家着重发展科普教育。想要提升全民科学知识水平，至关重要的一点就是抓教育，所以更要大力推进科学教育，并弘扬科学精神，力争在方方面面引入生态保护知识并传播人与自然和谐发展的理念。

（三）国际交流合作

我国有许多生物多样性丰富的区域地处边境，还有众多跨国迁徙的物种，由于海域广阔、海岸线长，又受到洋流和季风的强烈影响，因此，我国与邻国和地区开展合作，达成了很多双边或多边合作协定，并积极参加、认真实施各项国际公约，目的就是促进全球的野生动物保护工作。与此同时，可以通过国际交流共享科学信息，为全球性生物多样性保护做出贡献。

第二章　动物种群资源的保护

第一节　动物种群资源保护的基本原理

一、动物种群资源概况

（一）生物多样性与物种多样性

生物多样性，简单地说，是生命有机体及其借以存在的生态复合体的多样性和变异性；确切地说，生物多样性是所有生物种类、种内遗传变异和它们的生存环境的总称，包括所有不同种类的动物、植物和微生物，以及它们所拥有的基因，它们与生存环境所组成的生态系统。生物多样性包含遗传多样性、物种多样性和生态系统多样性三个层次。

遗传多样性是所有遗传信息的总和，蕴藏在动植物和微生物个体的基因里。物种多样性是指生命有机体的复杂多样化，全世界有 500 万 ~ 5000 万个物种，但科学描述的仅有 140 万种。生态系统多样性是指生物圈内栖息地生物群落和生态学过程的多样化，以及生态系统内栖息地差异和生态学过程变化的多样性。

物种多样性是生物多样性的简单度量，它只计算给定地区的不同物种数量。物种的丰富程度跟纬度呈明显的反比关系。即使考虑高纬度地区地表面积减少等因素的修正，离赤道越远，物种就越稀少。物种多样性的其他度量包括种群的稀有程度，以及它们具备的进化稀有特征的数量。物种多样性是指动物、植物和微生物种类的丰富性，它们是人类生存和发展的基础。

遗传多样性是物种多样性的基础。物种多样性是生物多样性的中心，是生物多样性最主要的结构和功能单位，是指地球上动物、植物、微生物等生物种类的丰富程度。物种多样性包括两个方面：一方面是指一定区域内物种的丰富程度，可称为区域物种多样性；另一方面是指生态学方面的物种分布的均匀程度，可称为生态多样性或群落多样性。物种多样性是衡量一定地区生物资源丰富程度的一个客观指标，是根据一定空间范围物种的遗传多样性可以表现在多个层次上数量和分布特征来衡量的。一般来说，一个种的种群越大，其遗传多样性就越大。但是，一些种的种群增加可能导致其他一些种的减少，从而导致一定区域内物种多样性减少。

（二）遗传多样性

遗传多样性是生物多样性的重要组成部分。从广义上讲，遗传多样性就是生物所携带遗传信息的总和；狭义上讲，则指种内不同群体和个体间的遗传多态性的程度，或称遗传变异。遗传多样性是物种进化的本质，也是人类社会生存和发展的物质基础。遗传变异是生物体内遗传物质发生变化而造成的一种可以遗传给后代的变异，正是这种变异导致生物在不同水平上体现出的遗传多样性，包括群体水平、个体水平组织和细胞水平及分子水平。

1. 遗传多样性的起源

遗传多样性的根本来源可以归因于这种偶尔发生的错误即遗传物质改变的突变，遗传重组也是遗传多样性产生的重要原因。突变可以分为两大类，即引起染色体数目和结构的改变（染色体畸变）和引起基因位点内部核苷酸的改变（基因突变）。

（1）染色体畸变

由于染色体是遗传物质的载体，是基因的携带者，所以染色体数目和结构的改变会引起遗传信息的改变。各种生物的染色体数目都是相对恒定的，都含有一套以上的基本的染色体组（genome）。构成染色体组的若干个染色体在形态和功能上各有区别，但又互相协调，共同控制生物的生长和发育。然而，染色体数目的恒定是相对的，在不同的物种甚至种内都会出现染色体数目的变异。当以染色体组含有的染色体数目为基准，可将染色体数目变异简单地分为下列两类整倍性变异：染色体数目的变化以染色体组为单位而增减，通常将超过两个染色体组的称为多倍体；非整倍性变异是细胞核内染色体数目不是染色体组的完整倍数而是在二倍体染色体数目的基础上增减个别几条染色体，包括单体缺体等不同情况。

染色体结构的改变往往起因于染色体或染色单体的断裂。根据这种断裂的数目和位置断裂端是否连接及连接的方式，可有各种染色体结构变异类型。主要有下列四种：缺失，是染色体丢失了片段；重复，是染色体增加了片段；倒位，是染色体某一片段做180°的颠倒；易位，是非同源染色体间相互交换染色体片段。染色体畸变是遗传变异的重要来源，这已被对大量经典材料的研究所证实。如：通过对果蝇属、芍药属的研究，许多物种尤其是存在大量杂交多倍化单性生殖和营养繁殖的植物类群，染色体畸变十分常见。

（2）基因突变

基因突变在生物界很普遍。如：大肠杆菌对链霉素的抗性、黑腹果蝇的白眼性状、小鼠的棕色毛皮、玉米的紫色种子、水稻的矮生型、人类的视网膜病和血友病等。根据突变的分子基础可将基因突变分为下列两种方式：碱基替换，即一个碱基对被另一碱基对代替；移码突变，一个或几个碱基对的增加或减少。

（3）重组

重组即通过有性过程将群体中不同个体具有的变异进行重新组合，形成新的变异。在有性生殖的生物中，由不同合子发育成的个体不可能有相同的基因型，其根本原因就在于重组。细胞减数分裂时，非同源染色体的独立分配和自由组合是一种基本的重组过程。

2.检测遗传多样性的主要方法

检测遗传多样性的方法随生物学尤其是遗传学和分子生物学的发展而不断提高和完善，从形态学水平、细胞学染色体水平、生理生化水平逐渐发展到分子水平。

（1）形态学水平

从形态学或表型性状上来检测遗传变异是最古老，也是最简便易行的方法。由于表型和基因型之间存在着基因表达调控、个体发育等一系列复杂的中间环节，如何根据表型性状上的差异来反映基因型上的差异就成为用形态学方法检测遗传变异的关键。通常所利用的表型性状主要有两类：一类是符合孟德尔遗传规律的单基因性状，如：质量形态性状、稀有突变等；另一类是根据多基因决定的数量性状，如：大多数形态性状、生活史性状。

（2）染色体水平

染色体是遗传物质的载体，是基因的携带者。与形态学变异不同，染色体变异畸变必然导致遗传变异的发生，是生物遗传变异的重要来源。染色体水平的检测主要是分析测定染色体组数目的变异与结构变异，染色体组型分析是常用的方法。

（3）等位酶水平

等位酶是由单座位上等位基因编码的同工酶，是借助于特定的遗传分析方法确定的一种特殊的同工酶。由于等位酶谱带同等位基因之间的明确关系使其成为一种十分有效的遗传标记。

（4）DNA水平

DNA是遗传信息的载体。遗传信息就是DNA的碱基排列顺序，因此，直接对DNA碱基序列的分析和比较是揭示遗传多样性最理想的方法。DNA分析技术主要是针对部分DNA进行的，从原理上可大致分为两类：一类是直接测序，主要是分析一些特定基因或DNA片段的核苷酸序列，度量这些片段DNA的变异性；另一类是检测基因组的一批识别位点，从而估测基因组的变异性。随着各类生物全基因组序列的公布，应用全基因组序列研究DNA水平的多样性也开始多起来。

二、动物种群资源保护的方法

（一）原产地保护

这种方法主要是在动物种群资源产地建立保护区或保种场实行活体保存。这种方法需要在资源原产地制定相关的政策和建立相应的资源保护技术标准，配备一定的技术力量，优点是在原产地种群资源来源丰富，品种的适应性强，并且可以随时观察种群的变化。缺点是占用场地大，所需保护费用高，技术要求也较高。

（二）异地生物技术种群资源保护

1. 冷冻精液技术

20世纪50年代英国的史密斯（Smith）和波热（Polge）研究牛冷冻精液保存方法取得成功，此后，奶牛、猪、马、绵羊、山羊、家禽和野生动物的冷冻精液保存液很快获得成功。超低温冷冻技术对大多数动物的精液进行长期保存已基本可行。

2. 冷冻胚胎技术

哺乳动物的冷冻胚胎自20世纪70年代初首获成功以来，已经在20多种哺乳动物上获得成功，奶牛、黄牛、山羊、绵羊、兔和小鼠等的冷冻胚胎已得到较广泛的使用。在保护动物遗传资源、挽救濒临灭绝的野生动物方面，冷冻胚胎技术结合胚胎移植技术发挥着越来越重要的作用。

3. 基因保存技术

种群资源就是基因资源。基因就是储存在DNA分子上的遗传信息，理论上保住了DNA就保住了种群资源。随着分子遗传学技术的发展，对遗传变异的分析已经从表型深入到DNA分子水平。DNA分子水平上可以更全面、准确地分析种群的遗传变异。利用基因克隆技术可以组建动物基因组文库，使一些独特的种群资源得以长期保存。需要指出的是，基因保存技术必须建立在广泛、深入的科学研究基础之上。

4. 其他可用于种群资源保护的现代生物技术

主要包括细胞培养技术、基因重组技术、基因转移技术等。

第二节　农场动物种群资源保护

一、农场动物种群资源保护的理论

世界上畜禽品种资源的保护与利用存在两种倾向。在发达国家里，随着畜牧业生产体系的集约化，大量饲养的只是少数经济价值高的品种和它们的杂交种，品种数目在迅速减少；在一些发展中国家里，虽然有较丰富的品种资源，但由于保种不当和盲目引进外来品种杂交，也造成原有品种质量的退化和数量的减少。

这两种倾向都导致世界性的品种资源危机，也就是畜禽基因库的枯竭。例如，猪的品种，在欧洲基本上是大白猪、长白猪；在北美除了这些品种外，较多饲养的是杜洛克、汉普夏。奶牛的情况也相似，目前，世界上饲养的大多数是荷斯坦牛，当然也还有些兼用种如西门塔尔牛。在鸡中，蛋用鸡基本上是莱航鸡（白壳蛋鸡）和一些生产褐壳蛋的品种和合成系；肉用鸡则几乎都是白洛克和考尼什等少数品种的杂交鸡。绵羊的品种较多，因为绵羊生产的集约化程度低，以放牧为主，为了适应各种不同的生态条件和毛用、皮用、肉用等不同类型的需要，保留并育成了不少品种。

我国是一个畜禽品种资源十分丰富的国家，如何吸取外国的经验与教训，结合我国的实际情况进行有效的保种工作，无疑对我国农牧业的发展、动物资源的开发利用及保持良性的生态平衡等都具有积极的意义。

任何一个品种，无论是育成品种还是地方品种，都有它的形成、发展、衰落或转化的过程。有的品种消失了，有的品种产生了；有的品种存在的时间很短暂，有的品种却经久不衰。这除了社会经济条件和自然条件以外，保种技术也起了很大的作用，由于保种的对象是群体，而群体又由个体、家系、亚群所组成，因而要做好保种工作，就要对群体的遗传理论有一个基本的了解。

（一）群体的有效大小与近交率

群体的大小和保种过程中可能发生的近交退化有密切的关系。群体越大，退化越慢；群体越小，退化越快。通常对群体大小的表示方法有三种：一是总个体数。即不分年龄的全部个体总数，例如，牛群中犊牛、青年牛、成年牛的总数。二是实际繁殖者个数。这在研究群体遗传结构时是重要的，因为不参加实际繁殖的个体与群体的遗传结构无关。三是群体中繁殖者的有效数量。这是一个计算得出的数值，它是与一个有 N 个繁殖个体，雌雄各半，随机交配的理想群体相比较得来的一个当量。由于畜禽品种中，雌雄性别不等，因而在计算群体的近交率和近交系数时要用到这个当量。

群体有效大小的定义是"繁殖群体中两个性别的调和平均数的两倍"。

（二）影响保种效果的遗传因素

1. 突变

突变能使基因频率发生变化，但通常自然突变率很低，对群体的影响很小。对于不符合保种目标的少量突变个体，可予以淘汰，不影响保种结果。需要说明的是，在遗传资源的开发上，新突变的产生和利用却是一个有效的途径。

2. 选择

选择是使群体基因频率发生变化的重要手段。在保种目标确定以后，对保种群体一般不做严格的选择，这是和育种群体的主要不同点。否则，保种群体就会朝着选择的方向发生定向改变，而有些改变并不符合保种要求。例如，要提高猪的生长速度，就有可能降低肉的风味和品质；要提高鸡的产蛋数，就有可能丧失蛋重大的特点，如果同时提高产蛋数和蛋重，则又会影响蛋壳质量；等等。

3. 迁移

从畜牧学的观点看，迁移就是引种和杂交。少量的或是偶然的杂交，由于迁入率低，对保种群体的影响不大，只要在后代中淘汰不符合保种要求的杂种个体即可。大量的或重复的引种和杂交，由于迁入率高，甚至替换了全部公畜，这对原有品种是一个很大的冲击，也是使某些地方品种绝灭的主要原因。因此，在对地方品种做杂交利用时，对有必要保存的品种要留出保种群。

4. 漂变

漂变是群体中基因的随机变化。从理论上讲，长期的随机漂变，结果会使一对等位基因中的一个固定，另一个消失。

当群体足够大时，漂变在几代的时间里很难觉察出来。据研究，在一个保种群体中，如果群体的有效大小超过 60 时，漂变的影响可不予考虑。

5. 近交

在保种群体中，近交程度随着群体大小和配种制度的不同而异。从近交本身来说，它并不改变群体中的基因频率，但是能使等位基因的纯合性增加，所以当群体中存在隐性有害基因时，近交就会导致衰退，使群体中某些个体的生产力或生活力下降，这一点在小群体中表现得更为明显。因此，在一个保种群体中，应尽量不使近交程度增加太快。

二、农场动物种群资源保护的方法

（一）实施农场动物遗传资源保护探索

1. 保种目标

为了要保持一个品种的特性、特征，就要有一个预先制定的保种目标。在保种目标中既要有数量上的要求，也要有质量上的标准。保种目标中应有对数量、性状类型、特征、特性等的要求。数量是保种目标中要解决的重要问题。数量太多了保不起，太少了又怕保不住。地方品种通常有若干种类型，应明确保存哪些类型。

保种的最终目的是利用这些遗传资源。所以，在保种目标中要明确哪些是应当重点保持的性状。例如，北京油鸡的有利特性是肉质鲜美，可发展为优质肉鸡；不利特性是生长速度慢、产蛋少。这就要在保种目标中对肉质评定提出客观（定性和定量的理化特性）和主观（品尝评分）的标准。对于生长和产蛋性能，在不影响肉质的前提下可进行改良，这就要对性状间的相关性做出分析。所以，保种也不是绝对地只保不选，而是要慎重考虑，特别是一些与要保存的主要性状有负遗传相关的性状，一般情况下不做严格的选择，以免得不偿失。

2. 保种方式与世代间隔

目前，主要可以考虑采用活畜保种和冻胚保种两种方式。至于采用冻精方式，虽然可以少养甚至不养该品种的公畜，但仍需要有一定数量的母畜。冷冻胚胎如能长期保存，从理论上讲可以不再保留某个品种的活畜。因为用其他品种母畜作为受体即可繁殖出原来需要保存的品种。但目前冻胚保种仍处于试验阶段，不敢贸然淘汰某个品种的全部活畜。所以，在相当长的时间内，活畜保种仍是主要方式。

在一个活畜保种的群体中，世代间隔的长短以多少为宜呢？

世代间隔是指上下两个世代之间平均的时间间隔，也就是后代出生时双亲的平均年龄。可以通过控制配种年龄（月龄、周龄）或性状度量次数来改变世代间隔的长短。从育种的角度看，缩短世代间隔可以加快每年的遗传进展。但是从保种的角度看，如果不是目前大量投入生产的品种，世代间隔应当长一些为好。这不仅是因为延长世代间隔可以在一定的保种期限内减少保种家畜的数量，而且还可以降低每年饲养更新畜群用的幼畜和后备种畜的费用。

采用冻精保种时，相当于延长了公畜的配种年龄，采用冻胚保种时，则同时延长了双亲的受胎年龄，这两种情况下都可延长世代间隔。因此，在活畜保种时，如能根据不同畜种情况与冻精和冻胚相结合，还可以进一步减少保种群中的家畜数量。

（二）保种措施

1. 制订保种规划

我国畜禽品种资源丰富，其中绝大多数是地方品种，一部分是育成品种，还有少部分是引进品种。保种并不是说对所有的品种、类群和系都要保存，要保存的只是其中的一部分。这就要在品种资源调查的基础上，通过充分的论证，提出由国家或地方应予以重点保存或亟待保存的畜禽品种名单，并根据情况每隔一定时间做适当调整，取消或增列一些品种。

这里要区别"重点保存"的品种与"亟待保存"的品种。重点保存的一般是指有特色的，或是名优品种；亟待保存的一般是指稀少的甚至是濒于灭绝的品种。前者易于和利用相结合，并不需要很多的保种投资；后者由于经济效益低，如不及时采取措施就容易绝种。当然也有些品种既属于重点保存又属于亟待保存。总之，在保种规划中应根据需要和国家所能提供的财力、物力，分期分批地进行保种。

2. 建立品种资源场

一般认为，保种应在品种的原产地进行，因为原产地的自然生态和社会经济条件对该品种的形成起了重要的作用，如果易地保种，可能会失去某些原有的特性。但是随着商品经济的发展、交通的发达，许多原产地已经不是当时品种形成的自然和社会条件了，所以保种也不一定要在原产地进行。只要符合保种目标的要求，什么地方能更经济和有效地保种，就放在什么地方。

近年来，从国外引进的种畜越来越多，在价值规律的支配下，要在某一保种区禁止引入外来品种杂交已不可能。所以，对一些在规划中确定要保存的品种，可建立必要的品种资源场（或保种场）。对于某些畜种，如家禽，还可以考虑建立规模较大的品种资源库，集中保存一些品种。目前，可以先考虑鸡的资源库，因为鸡可以笼养，相对来说占地、耗资较少，易于管理。根据保种群体大小的要求，每个品种（类群、系）保持60只公鸡、300只母鸡即可。建立一个1万只鸡的小型鸡场，即可保持30个品种（类群、系）。

3. 保种与利用

虽然说保种的目的在于利用，但是这两者之间也存在着相当大的矛盾，因为目前正在利用的品种，一般都数量较大，不急于做专门的保种，而亟须保种的品种又往往没有明显的经济效益，养得越多，赔得越多，很难进行扩群利用。所以"在利用中保种"，对一些目前已有经济效益的品种是可行的，但这些品种多数不是重点保护对象。当前亟须保种的主要是一些数量上稀少的、性状上有特色的、当前虽无经济效益但有开发前景的品种，对这些品种就要通过指定的保种场进行保种，或进入资源库保存。对保种群以外的该品种家畜，可以有计划地选育提高或进行杂交改良，使其适应当前的经济需要。当然这有可能使生产性能的方向发生改变，甚至会失去原有的一些特性、特征。也许会有人担心，这样做的结果使一些眼前看来无益但以后有用的基因也被淘汰了。这是完全可能的。但什么是"今后有用"的基因，目前无法确定。好在有按保种要求建立的保种群存在，那里就好像是一个库房，如果今后有什么新的需要的话，可以到基因库中去找。

第三节　实验动物种群资源保护

一、实验动物的种群的概念与特征

实验动物是指经人工培育或人工改造，对其携带的微生物实行控制；遗传背景明确，来源清楚，用于科学研究、教学、生产、鉴定及其他科学实验的动物。从实验动物的概念可见实验动物与其他动物，如：经济动物、观赏动物和野生动物存在明显的不同。首先，从遗传学角度看，实验动物必须是经人工培育，遗传背景明确或来源清楚，在人工控制的条件下，实验动物经过一定的繁殖方式（近交或非近交）进行繁殖生产，具有稳定一致的遗传组成，这是野生动物中无法达到的；其次，在育种方向，实验动物不同于经济动物那样，偏重于经济价值，也不同于观赏动物注重于观赏价值，而是利用遗传学原理，培育出多种用于各种科学研究的品种、品系动物等。因此，实验动物是多学科研究的成果和科技含量高的生物技术产品，明显不同于其他动物，故其种群也具有典型的特征。

（一）实验动物种群的概念

在自然界中，种是客观存在的。一个物种在自然界中能否持续存在的关键在于种群是否能不断地产生新个体以替代那些消失了的个体。种群不仅是物种存在的基本单位，也是生物群落的基本组成单位。在生态学中，种群是指在一定时间内占据一定空间的同种生物的所有个体的总和。在这个定义中，要求同种生物个体在一定的空间内，即这个空间内的同种生物与外界的个体隔离；此外，是一种生物的全部个体，个体之间相互联系。实验动物是一类特殊的动物，在遵从自然分类法则的基础上根据遗传组成的不同，在最基本的分类阶元——种之下再细分为品种、品系，即不同的品种、品系其遗传组成存在明显的不同；同时，由于实验动物是人工改造或培育、人工饲养的动物，其生存环境与其他动物存在显著的区别，因此生态学中种群的概念就不适合实验动物种群。那么，如何给实验动物的种群定义呢？目前国内外还无相关资料和文献。结合实验动物的概念、实验动物特殊的饲养和管理、实验动物特殊的应用价值等方面的特征，我们认为，实验动物种群应是指在一定空间和时间内具有相同遗传组成的同种生物个体的总和，即在一定空间和时间内同一品种、品系所有个体的总和。

（二）实验动物的种群特征

1.种群个体具有相同的遗传组成

根据遗传特点的不同，实验动物分为近交系、封闭群、杂交群和突变系动物。近交系动物是指经至少连续 20 代的全同胞兄妹交配培育而成，品系内所有个体都可追溯到起源于第 20 代或以后代数的一对共同祖先的动物群体；封闭群动物是指以非近亲交配方式进行繁殖生产的一个实验动物种群，在不从其外部引入新个体的条件下，至少连续繁殖 4 代以上的动物群体，封闭群亦称远交群；杂交群动物是由不同品系之间杂交产生的第一代动物，杂交群动物又称杂交一代动物或 F1 代；突变系动物是指动物受各种内外因素影响引起染色体畸变或基因突变而育成某些特殊形状表型的品系动物。在这四个类群中，实验动物又可根据群体间基因类型分为相同基因型和不同基因型，相同基因型包括近交系和杂交群；不同基因型包括封闭群和突变系动物。

根据遗传组成的不同，同一近交系、封闭群、杂交系和突变系又可分为不同的品种、品系。品种、品系是实验动物的种下阶元，是客观存在的。各个品种、品系之所以能存在，其条件之一就是独特的遗传特性，且这种独特的遗传特性能稳定地遗传。此外，各个品种、品系内所有个体的遗传组成都相同，均能代表该品系、品种的遗传特性的基因库。因此，实验动物学中的种群可称为在一定空间内同一品种、品系个体的总和。

2.种群数量的不稳定性

实验动物是经人工培育或人工改造，用于科学研究、教学、生产、鉴定及其他科学实验的动物。实验动物种群由实验动物自身的繁衍种群和实验用种群组成，因此作为种群最基本的特征——种群数量由实验动物繁殖种群数量和实验用种群数量构成，繁殖种群数量占整个种群数量比例较小，而实验用种群数量所占比例较大。在繁殖种群方面，实验动物种群数量在各代之间基本维持不变；而在实验用种群数量方面则存在很大的不稳定性。因为实验用种群数量和各种科学实验的目的、要求及数量有关，即科学实验中实验动物需要量大的时候则在繁殖生产过程中实验动物种群数量大。反之，如果实验动物需要量小的时候则繁殖生产过程中实验动物的种群数量小。因此，实验动物种群数量存在很大波动，极不稳定。

3. 独特的种群参数

出生率、死亡率、迁入率和迁出率是衡量种群的四个基本参数。实验动物是在人工控制的条件下培育而成，因此，其种群的四个基本参数主要受人类活动的影响。第一，出生率是泛指任何生物产生新个体的能力。实验动物生活于人工的控制环境条件下，各种环境条件和设施都达到其最适的需求，生殖只受生理因素所限制；同时各种繁殖技术，如：超数排卵、人工授精等的应用，使得实验动物的实际出生率几乎等于最大出生率。第二，由于实验动物处于最适的环境需求、标准化的人工饲养和管理的条件下繁殖、生长；同时所有个体除用于老年病学的研究外几乎都在因老年而死之前供给实验用，因此其死亡率很低。第三，在整个实验动物种群中，除最初作为种源引进的实验动物外，在后期的繁殖生产过程中几乎均不再引种，因此其种群的迁入率几乎为零。第四，生产实验动物的目的是用于各种科学实验，因此其迁出率随各种科学实验用实验动物的数量而变化。

此外，在种群的次级种群特征参数年龄结构和性别比率方面，实验动物种群也具有独特性。

年龄结构是指不同年龄组在种群内所占的比例或配置情况。由于各种实验研究的目的和要求的不同，对实验动物年龄结构要求也不同。如：在老年病学研究中则需要老年实验动物；在长期、慢性试验研究中则需要幼年实验动物；但大多数试验都是以成年实验动物居多。因此，在无特殊的目的要求下，实验动物种群中年龄结构以幼、成年实验动物占多数，而老年实验动物较少，或几乎没有。

性别比率是指在种群内雌雄所占的比例。在实验动物种群中，其性别比率受出生的随机性和根据实验目的和要求两个方面的影响。实验动物出生时的性别比率无法改变的，具有随机性；但在后期实验动物种群中的性比受实验目的和要求影响，如须进行计划生育方面的研究时则对实验动物的性别具有特殊的要求，从而导致实验动物中性别比率的变化。

4. 具有空间特性

实验动物种群是一定空间内同一品种或品系个体的总和，因此种群具有空间和时间的特性。所谓空间特性是指种群占据一定的空间。由于实验动物的特殊用途，其种群占据的空间十分有限，仅仅分布在实验动物饲养繁殖、生产和动物试验的有限空间中，即饲养空间中；此外，在地理范围内分布还形成地理分布，即种群具有地域空间特性。

二、实验动物种群资源保护的方法

实验动物是人工培育和人工改造，用于科学实验的动物；而实验动物种群是同一品种、品系个体的总和，不同的品种、品系具有不同科学实验用途。因此，为保证实验动物的广泛应用，必须对实验动物种群资源进行保护，以促进实验动物资源的利用，满足科学实验的需要，保持动物品种、品系的繁殖。

（一）标准化的种质资源保存

种质资源又称遗传资源，是实验动物种群存在的基础。实验动物种群是同一品种、品系个体的总和，而不同品种、品系之间具有不同的遗传组成。因此，为保证种群资源的多样性，在进行实验动物种群资源保护的时候，首先要进行种质资源的保存。种质资源的保护方法包括活体保种、精液冷冻技术、胚胎冷冻技术、基因保存技术、体细胞克隆技术和构建细胞库。

（二）标准化的繁殖体系

繁殖是维持品种、品系活体保存最基本的方法。繁殖体系的标准与否不仅关系到品种、品系的种质资源，而且关系到供科学实验用的实验动物种群数量。根据遗传特性的不同，实验动物分类近交系、封闭群、杂交系和突变系。不同的遗传特性的实验动物其繁殖体系不同。

近交系动物的繁殖群分为基础群、血缘扩大群（pedigree expansion stock）和生产群，当近交系动物生产供应数量不是很大时，一般不设血缘扩大群，仅设基础群和生产群。

突变系是指保持有特殊的突变基因的品系动物，也就是受各种内外因素影响引起染色体畸变或基因突变而育成某些特殊性状表型的品系动物。根据动物突变基因的来源和保持方法，将突变系动物分成同源突变近交系、基因导入近交系和分隔近交系。基因导入近交系的繁殖多采用回交体系和杂交—互交体系：回交体系用于显性突变、共显性突变、隐性致死性突变和半显性致死性突变；杂交—互交体系用于隐性有活力的突变。分隔近交系是一个近交系，但在控制的位点上可能有杂合子存在，这个繁殖体系包括有强制性杂合子回交的兄妹近交和有强制性杂合子互交的兄妹近交，两种繁殖体系都可用于共显性有活力、显性有活力、隐性有活力的突变中，只有互交体系可用于隐性致死性突变种。当突变的两性都不能繁殖时可采用卵巢正位移植法以维持其突变基因的特征。

（三）标准化的饲养和管理

标准化的饲养和管理不仅是实验动物保护和福利的研究内容之一，也是影响到实验动物质量的因素之一，还是影响实验动物种群资源的关键因素，而这三个方面又相互联系、相互促进。标准化的饲养和管理能保证实验动物的质量，增加实验动物的繁殖成绩，减少不必要的损伤，从而增加了实验动物种群数量。标准化的饲养和管理就要求对实验动物的饲养密度、饲料和饮水、垫料进行规范和标准化。如：饲养密度直接影响到实验动物的舒适度和实验动物健康水平，饲养密度过高会导致拥挤踩踏、抢食抢水、饲养环境空气质量下降、微生物滋生等，直接影响到实验动物的健康状况。另外，对实验动物设施和设备也造成了巨大的耗损。饲养密度过低造成了实验动物对同伴的心理需要未得到较好的满足，对空间资源也是一定的浪费。所以，饲养密度合理就让实验动物在生理和心理需要上都得到了更好的满足，实验动物的状态也会更好，动物实验也能得以顺利进行。

（四）试验替代方法的运用

实验动物是用于科学实验的动物，因此，对实验动物种群资源进行保护就需要在进行动物试验时减少实验动物的用量。目前，国际上提出了以"3R"为核心的实验动物的替代方法以减少不必要的实验动物浪费和损害，并制定了一系列的实验动物替代方法。如：经济合作与发展组织（OECD）联合多个欧盟领先组织和欧洲替代方法验证中心（ECVAM）批准了一系列的 OECD 准则文件和测试指南，这些准则文件和测试指南极大地减少了动物试验过程中实验动物的数量，达到了实验动物种群的保护目的。

第四节　野生动物种群资源保护

一、野生动物与人类的关系

野生动物与人类的密切关系可以通过其经济价值、生态价值、社会价值和科学价值等方面体现出来。

（一）经济价值

野生动物的经济价值主要体现在食用、羽用（毛皮用）、药用、役用四个方面。

1.食用

从营养角度来说，多数野生动物都具有食用价值，其肉、蛋、乳均含有丰富的营养。如：鹿、狍子、环颈雉、山鹑、野鸭等营养丰富、味道鲜美，为野味食品中的上品，亦是特种经济动物养殖业中的重要种类；榛鸡（俗名飞龙）更是历代皇朝的贡品；传统名贵的烹饪原料燕窝，是金丝燕利用唾液筑的巢。

2.羽用（毛皮用）

（1）羽用

许多鸟类（特别是雁鸭类）的绒羽质轻而富于弹性，为优良的保温填充材料，可制衣、被褥、枕垫等。部分鸟类的羽毛可用作饰羽，如：雕翎、雉鸡翎、大白鹭的蓑羽等。此外，羽毛画还是一项价值较高的工艺美术商品，孔雀、环颈雉、翠鸟等的羽毛都是很好的原材料。

（2）毛皮用

毛皮是人类认识最早，并且仍在利用的重用的生活和生产物质的原料。我国毛皮动物有 150 多种，其中已被利用的毛皮兽已达 90 多种，如：紫貂、水獭、狐、黄鼬都是世界著名的毛皮兽，我国是世界上主要的毛皮生产国。

（3）药用

动物药是中国医药学的重要组成部分，我国自古就有以动物入药的。早在三千年前，我国就开始了蜜蜂的利用，还用动物肝脏治疗夜盲症，这较西欧使用脏器药物为早。在《神农本草经》中就记载动物药 65 种，明代李时珍的《本草纲目》记载的动物药有 461 种，加上《本草纲目拾遗》中记载的总数达 500 余种。目前，我国药用动物已达 800 余种，因其独特药效，所以一直流传至今，例如，麝香、鹿茸等都是名贵的中药材和滋补药。

（4）役用

许多野生动物经过驯化后可为人类役用，这其中主要是鸟类和哺乳类，如：鸬鹚（俗称鱼鹰）驯化后可用作捕鱼，鹰驯化后可用作狩猎，大象驯化后可用作集材。

（二）生态价值

1. 保护农林，维护生态平衡

许多野生动物是农林害虫害兽的天敌，在控制害虫害鼠的大发生、维护农林生态系统上起重要作用。

在灭虫方面，鸟类中的灰喜鹊、喜鹊、大山雀、啄木鸟、戴胜、杜鹃等食虫鸟对农林害虫有明显的抑制作用，不仅可直接消灭害虫控制数量，还可充当虫害发生的信使；此外，部分昆虫（如：蜻蜓、螳螂、瓢虫等）、爬行动物（如：壁虎等）、两栖类（如：青蛙等）、哺乳类（如：蝙蝠、刺猬等）也都是害虫的天敌。

在灭鼠方面，鸟类中的猛禽（各种鹰类、隼类、鸮类）、兽类中的鼬科（如：黄鼬等）、部分犬科动物（如：狐等）及蛇类都是鼠类的天敌，它们每年能消灭大量的农林草原害鼠，对保护农林草原、减少疾病，维护生态平衡起着重要作用。

2. 有利于森林的更新，是植物种源的传播者

许多动物如多种蜂、蝶及部分鸟类、哺乳类动物对植物花粉及种子的传播起着重要的作用。

第一，传播花粉，促进结实。如：蜂鸟、啄花鸟、太阳鸟等能传播花粉，促进结实。

第二，传播种子。一些食谷鸟类以植物种子为食，未消化的种子随粪便排出，在异地适宜条件下萌发，促进了植物种子的传播。

第三，松鼠等动物具有贮食的习性，而那些贮存在地下的被遗漏的种子，在适宜条件下则会萌发。

第四，散布菌根。菌根天然更新很缓慢，鼠类则可将菌根从别的地方带来，促进林木的更新。

3. 充当食料

作为生态系统食物链中的一环，充当其他动物种类生存的食料。

（三）社会价值

1. 丰富人们的文化知识，陶冶人类的情操，给人以美的享受

世界上近 1000 个动物园饲养着 3000 余种动物，我国大陆 170 多个动物园饲养了 600 余种动物，此外，各国还出版了许多以野生动物为题材的文学作品和影片，这些动物均可直接或间接地供人们观赏和享受。

2. 灾情的预报员

野生动物利用其感觉器官能感知一些自然界的信号，在自然灾害来临之前有所反应。如：下雨之前，会出现燕子低飞、蚊虫过道的现象，这种现象预示不久大雨即将到来；海上风暴来临前，潜鸟会发出似喇叭的长鸣，渔民可以此判断天气的变化；鼠类、犬、马等哺乳动物能感觉到地层深处地壳变化发出的微波。因此，我国在许多动物园等动物养殖场所建立了动物异常行为观测站，以监测地震等自然灾害的发生。

（四）科学价值

野生动物的科学价值主要表现在实验动物和仿生学上。

1. 实验动物

在医学、航天等许多领域都需要用动物做实验，每种新药的诞生亦都是先用动物做实验。例如，猕猴、猩猩等都是很好的实验动物。

2. 仿生学

人们根据生物的形态、结构、功能及行为搞了许多发明创造，这就是仿生学。例如，人类根据鸟类定翼滑翔的原理发明了机翼，根据蝙蝠的超声波定位原理发明了雷达，根据啄木鸟头部的解剖结构发明了防震帽等。

二、野生动物的生境和类型

野生动物必须从栖息环境中获得必要的物质（如：水、食物等）和足够的生存空间（如：隐蔽地、繁殖场所等）才能得以生存，因此环境是动物生存的首要条件。每一种动物都有它所需要的特定的栖息地，一旦栖息地缩小或丧失，动物的数量也随之减少或灭绝。生境对野生动物具有制约性，但野生动物的活动也会改变生境。

（一）生境的概念

生境是指为野生动物提供生活所需的空间单位。野生动物的生境包含三大要素：食物、隐蔽物和水。

（二）生境的类型

1. 森林

森林由高 5 米以上具有明显主干的乔木，树冠相互连接，或林冠盖度大于 30% 的乔木组成。森林是陆地最常见的野生动物生境类型，森林中栖息着多种野生动物。

2. 灌丛

灌丛主要由丛生木本高位芽植物构成，植物高度一般在 5 米以下，有时也超过 5 米。其与森林的主要区别在于高度不同且优势种多为丛生灌木。灌丛是野生动物栖息的重要生境，可为野生动物提供食物资源和隐蔽场所。

3. 荒漠、半荒漠

荒漠是一种极度干旱、植被稀疏、盖度小于 30% 的生境类型，其植被由一系列特别耐旱的旱生植物组成。荒漠、半荒漠也能为野生动物提供食物、水分和隐蔽场所。

4. 草本植被

草本植被是以禾草型的草本植物和其他草本植物占优势的植被类型，可分为草原和草甸两种生境类型。

（1）草原

由具有抗寒、抗旱并能忍受暂时湿润能力的草本植物组成，主要是禾本科植物。我国有典型草原、草甸草原、荒漠草原和高寒草原四种类型。

（2）草甸

由多年生中生草本植物组成，一般不呈地带性分布。我国有大陆草甸、沼泽草甸、亚高山草甸和高山草甸四种类型。

5. 湿地植被

湿地植被是分布在土壤过湿，或有薄层积水并有泥炭积累，或土壤有机质开始碳化生境中的植被类型，它由湿生植物组成，以草本植物为主，亦有木本植物，均扎根于淤泥之中。湿地是重要的野生动物栖息生境类型，是水禽和涉禽的最重要生境。

6. 高山植被

高山植被是分布在雪线上下、适应于极端寒冷气候条件下的植被类型，植被低矮，多呈垫状、匍匐状，植物种类组成贫乏，可分为高山冻原和高山垫状植被两个植被类型。

7. 水体

水体分为海域和内陆水体两个部分。海域是面积最大的野生动植物生境，约占地球总面积的 70%，分布在远离海岸、近海岸和河口，其中河口包括河流入海口和沿岸海湾，是河流淡水和海水的交汇处，食物丰富，动物种类较多。内陆水体分为流动水体和静止水体。水体是水鸟（包括海鸟）、水生哺乳动物和鱼类的重要生境。

8. 其他

包括自然生境和人工生境。自然生境包括以上生境类型以外的其他生境类型，如：沙漠、戈壁、裸岩、溶洞、高山碎石、冰川、雪被和岛屿等；人工环境包括城市、农庄、农田、人工林、果园、公路两侧地区等。

第三章　植物多样性保护

第一节　植物多样性概要

一、植物多样性的概念

（一）植物

自然界中的树木、灌木、青草、藤本、蕨类、苔藓、绿藻、地衣等都是植物，它们与动物不同，只能固着在一个地方生长，并利用自己制造的有机物来维持生命活动。不同的植物在形态结构、生活习性、环境适应性方面都不相同。从学术角度看，植物细胞有细胞壁和比较固定的形态，大多数植物含有叶绿体并能进行光合作用和自养生活，大多数植物个体在发育过程中能不断产生新的器官，植物对外界环境的变化影响反应不够迅速，但会在形态上出现长期适应变化。

植物的光合作用是地球上能源和有机物质的最初来源，光合作用从根本上改变了早期地球大气层的组成，使大气层有约 21% 的氧气，这些氧气是大多数生物生存的条件之一。大多数动物依靠植物提供居所、氧气和食物而生存。

（二）植物多样性

植物多样性就是地球上的植物，以及它们与其他生物、环境所形成的所有形式、层次、组合的多样化，包括植物的物种多样性、植物生态习性和生态系统的多样性。植物多样性不仅包括物种多样性，还包括物种的个体丰富程度及其在生态系统中的空间分布上的多样性，分层和时间结构上的变化上的多样性，以及它们的代谢化学产物成分的多样性。植物种类多样性是植物有机体在与环境长期的相互作用下，通过遗传和变异、适应和自然选择而形成的。

保护生物学家认为，植物多样性包含遗传多样性、物种多样性和生态系统（或者称生态环境）多样性三个层次。物种多样性是指一定面积上物种的总数目,常用物种丰富度表示。遗传多样性是指物种种群之内和种群之间的遗传结构的变异，每一种植物都具有独特的基因库和遗传组成。生态系统多样性是指生态系统之间和生态系统之内的多样性。以植物为主的生态系统一般指植被生态系统，是指某个区域所覆盖的植物群落及其他生物和环境组成的生态系统。此外，在科学研究和政策应用中还提出了景观多样性和功能多样性的概念。

植物多样性反映了植被生态系统中不断增加的组织层次和复杂性，包括基因、个体、种群、物种、群落、生态系统和生物群落等层次，既反映了生物群落与非生物环境相互作用的生态过程，也是生态系统功能多样性的主要驱动力之一。在自然界中，我们常见的多样性有植物生境多样性、植物营养方式多样性、生长环境多样性。此外，自然界中的植物的寿命长短、个体大小、个体形状和结构组成也存在多种多样的情况。

1. 植物的生境多样

我国国土辽阔，海域宽广，跨越了地球上几乎所有的气候带，包括寒温带、温带、暖温带、北亚热带、中亚热带、南亚热带、北热带、热带和南热带等，同时西部有平均海拔在 4500 米以上的青藏高原、干旱的沙漠和盐碱地，东部有广阔的平原、纵横的河川和绵长的海岸线；我国的地形地貌复杂多变，有山脉、高原、丘陵、盆地、平原、沙漠、戈壁等组合形式。这样复杂多样的自然环境孕育了极其丰富的植物种类和植被类型，我国是全球 12 个巨大生物多样性国家之一，现有陆地自然生态系统 683 类、海洋生态系统 30 类。由于降水分布的不均匀，我国从东到西依次出现了针叶落叶阔叶林带、森林草原植被带、草原植被带和荒漠—半荒漠植被带。我国东半部从北到南依次分布着寒温带针叶林带、温带针阔叶混交林带、暖温带落叶常绿阔叶林带和亚热带常绿阔叶林带、热带雨林季雨林带及赤道雨林带。

2. 植物的营养方式多样

大自然中的绝大多数植物都能够吸收二氧化碳、利用光能进行光合作用，制造营养物质，它们被称为自养植物或绿色植物。而异养植物也称非绿色植物，包括寄生植物和菌类寄生植物两类。

3. 植物的生长环境多样

绝大多数植物因生长在陆地上而称为陆生植物，而生活在水中的则称水生植物。陆生植物根据对光的忍受程度不同又分为阳生植物、阴生植物和中生性植物，对土壤和水分的需求和适应程度不同分为旱生植物、中生植物及湿生植物，对土壤中盐碱的忍受程度不同分为盐生植物和中生植物。例如，红树林植物对盐土的适应能力非常强。

二、植物多样性的功能

（一）植物多样性与生态系统功能

生态系统功能包括生态系统特性、生态系统产物和生态系统服务。生态系统特性包括构成物（如：碳和有机物）的储量、物质循环和能量流动过程的速率。生态系统产物具有直接市场价值的生态系统性能，如：食品、原材料、医药、用于家养植物、用于生物技术中生产基因产品的基因等，一般通称植物资源价值。生态系统服务是生态系统直接或间接地造福于人类的生态系统性能。

一般来说，在一个生态系统中，植物种类越多，生态系统的初级生产量（即植物的生物量）会越多，生态系统对干扰的缓冲能力越强，也就是生态系统越稳定。在一个生态系统中，如生物地球化学循环等对生物多样性的变化不敏感。一个生态系统要维持多功能性不仅需要比单个功能更高的物种丰富度，而且还需要多样化的群落类型。

（二）植物多样性的价值

植物多样性的价值可分为使用价值和潜在价值（选择价值）。使用价值是指被人类作为资源使用的价值，可分为直接使用价值和间接使用价值。

1. 直接使用价值

直接使用价值是指植物为人类提供了食物、纤维、建筑和家具原材料、药物及其他工业原料。以药物为例，发展中国家人口的 80% 依赖植物或动物提供的传统药物保护基本健康，西方医药中使用的药物有 40% 含有最初在野生植物中发现的物质。

2. 间接使用价值

间接使用价值是指间接地支持和保护经济活动和财产的环境调节功能，通常也叫生态功能。当前，植物多样性的调节功能表现为涵养水源、净化水质、巩固堤岸、防止侵蚀、降低洪峰、改善地方气候、植被吸收污染物、作为碳汇调节全球气候等。

3. 潜在价值

潜在价值是指许多植物的价值目前还不清楚，如果这些植物灭绝，后代就再也没有机会利用或在各种可能性中加以选择。此外，还有一些人提出存在价值，即伦理或道德价值，指每种生物都有它自己的生存权利，人类没有权利伤害它们，使它们趋于灭绝。

植物多样性的价值主要从两个方面进行评估，即植物资源价值和植被生态系统服务价值。

（三）植物资源价值

植物种类的多样性和功能多样性决定了植物资源用途的多样性。从物种多样性这个维度看，植物多样性的功能主要是植物资源的利用。植物和人类的关系极其紧密，植物多样性不仅为人类创造了适宜的生存环境，还为人类提供了丰富的衣食及各种工业用和医药用原料。在全球 50 多万种高等植物中，被人类利用的仅 5 万种，常用的有 5000 种，经常利用的有 500 种，在极限的情况下，人们仅利用 50 种也能生存下去。

我国的植物种类众多，资源植物丰富。森林类型多，木本植物丰富；草地面积大且类型多，牧草资源丰富；栽培植物种类多，品种资源丰富，我国是世界上栽培作物的三大起源地之一，世界上主要栽培的 1500 余种作物中，有近 1/5 起源于我国；我国园林花卉资源丰富，有"世界园林之母"的称号；还有丰富的药用植物资源，且应用历史悠久。

《中国植物志》根据植物的用途和所含有用成分及性质，将我国植物资源分为十六类：纤维植物资源、淀粉植物资源、油脂植物资源、蛋白质（氨基酸）植物资源、维生素类植物资源、糖类和非糖类甜味剂植物资源、植物色素植物资源、芳香植物资源、植物胶和果胶植物资源、鞣质植物资源、树脂类植物资源、橡胶和硬橡胶植物资源、药用植物资源、园林花卉资源，还有蜜源植物和环保植物等其他植物资源。

（四）植被生态系统服务价值

生态系统服务是指人类从生态系统获得的各种惠益，这些惠益包括可以对人类产生直接影响的供给服务、调节服务和文化服务，以及维持其他服务所必需的支持服务。

1. 供给服务：包括从生态系统直接获得的粮食、淡水、薪材、纤维、生物化学物质和遗传资源等。

2. 调节服务：是由生态过程调控功能获得的诸如调节气候、控制疾病、调节水资源、净化水源等惠益。

3. 文化服务：是从生态系统获得的非物质惠益，包括精神、消遣与生态旅游、美学、激励、教育、地方感、文化遗产等。

4. 支持服务：是指生产其他所有生态系统服务所不可或缺的服务，如：土壤形成、养分循环、初级生产等。

这四类服务可以通过影响安全保障、维持高质量生活所需要的基本物质条件、健康及社会与文化关系等，对人类福祉产生深远的影响。

（五）植物物种多样性与植被生态系统服务价值的关系

在一个植被生态系统中，植物物种多样性与植被生态系统服务功能呈正相关性，植物多样性能通过提高植被生产力等功能来增强其服务功能，生产力进而可以转化为经济效益、社会效益和生态效益。以植物物种多样性为载体的植物资源能为人类社会发展提供大量食材、工业原料和旅游休闲资源，从而实现从自然资源属性到经济价值的转化；从促进艺术创作、提高国民健康素质、促进民族优秀文化传承和景观多样性等方面彰显其人文价值。植被生产力是指植被提供物质产品、生态效益和文化产品的能力，它能够衡量植被生态系统的服务价值。

近年来，理论和经验工作已经确定植物物种多样性是植被生物多样性的核心组成部分，它主要通过生态位互补效应和选择效应来提高植被生产力。在生态位互补效应情景下，增加物种多样性会增加植被中物种功能的多样性，从而实现对有限的资源在不同时间、空间下以不同的方式进行利用，达到资源利用效率最大化，从而加快生物量积累速度，提高植被的生产力。在选择效应情景下，具有特殊功能的优势植物物种，根据优胜劣汰理论，物种多样性丰富的植被有更大的概率包含高产物种，并且容易被最高产的植物物种所控制，进而提高植被生产力。在植物物种多样性丰富度不同的植被生态系统和植被的不同发育时期，生态位互补效应和选择效应交替作用于植被生产力。植物物种多样性有利于提高植被生态系统保持水土、涵养水源、防风固沙和调节气候等服务功能。还有理论认为，植被生态系统内部分为不同功能群，各个功能群内部的物种可以相互替代，因而植被生态系统内部一个或多个物种丧失而产生的影响可以由其他物种进行补偿。但是，由于有些物种对生态系统功能具有独特或唯一的贡献，它们的丧失就会影响植被生态系统的功能。特别是植被生态系统中丧失的物种增多可能会影响其功能。总之，植被生态系统中，植物物种多样性在生态位互补效应和选择效应的共同作用下能提高森林生产力，进而提高其生态系统服务功能。

第二节　中国植物多样性

一、苔藓植物多样性

（一）苔藓植物多样性、分布及特点

苔藓植物是仅次于被子植物的第二大类群。苔藓植物体虽小，但在林地、沼泽和高山等生态系统中发挥着维持水分平衡、减少土壤侵蚀、固碳及减缓全球变暖等极为重要的作用。另外，苔藓是不毛之地的先锋植物，也是很多小型无脊椎动物和昆虫的栖息场所、食物来源。由于苔藓的体表缺少角质层，叶片多为一层细胞厚度，它们对空气或水体中的污染物要比维管植物敏感，因而也常作为环境污染的指示植物。

苔藓植物与维管植物迥异，它们结构简单，缺少维管组织，不开花结果，以孢子繁殖，生活史中以配子体世代占优势，孢子体必须依附配子体生存。由于孢子细小，单靠风吹便能长距离传播，因此它们的分布区通常较维管植物大得多，因而其特有性较低。

全球的苔藓植物接近 21 000 种，包括苔类、藓类和角苔类三大类，其中藓类约 13 000 种、苔类约 7500 种、角苔类约 200 种。最新的研究显示，苔藓植物是单系类群，与维管植物形成姊妹群。

中国疆域辽阔，跨越多个气候带，是世界上苔藓植物多样性最为丰富的国家之一，同时很多居于系统演化上重要位置和珍稀的种类也产自中国。

（二）苔藓植物资源现状及保护和利用

近十多年来，苔藓植物在园林园艺方面的应用日益走俏。它们主要作为植物远距离运输的包覆材料及栽培珍贵观赏植物的基质，比如栽培兰花；另外，苔藓园艺也逐渐成为高端的时尚，如：小到苔藓生态瓶、盆景和花艺，大到立体景观墙、苔藓园，导致对苔藓植物的需求量猛增，特别是泥炭藓属和白发藓属植物。在北美洲和欧洲，泥炭藓形成的泥炭常作为发电厂的原料，是苔藓植物最重要的经济用途。在民间，少数苔藓有药用价值，中

国报道有 60 余种。在国内外的一些科研机构和大学的实验室中，某些苔藓植物被用作模式植物，进行分子生物学、基因组学、发育学的研究，最常用的是小立碗藓。

泥炭藓已成为高端花草的最佳种植基质之一，市场需求量很大。国内市场供应的一部分来自进口，一部分来自野外的采挖。在东北林区和贵州山区，泥炭藓的采挖就很严重。虽然能给当地少数人带来一定的经济收益，但盲目采挖，必然破坏自然环境，引发生态失衡。近十来年，泥炭藓人工栽培兴起，贵州中部、南部多地都有人工栽培。老乡们把原来种水稻的一部分稻田改种了泥炭藓，经济效益大概是种水稻的 2 ~ 3 倍，更大的好处是减少了野外采挖，保护了环境。

由于苔藓生态瓶和室内苔藓景观的流行，直接促使一些企业转到苔藓的人工种植上。它们开发的苔藓种植技术被引入农村，协助扶贫和科普旅游，助力了乡村经济振兴。

二、石松类和蕨类植物多样性

（一）石松类和蕨类植物简介

石松类和蕨类植物是自然史上的一个奇迹，是地球上最早出现的不开花维管植物的统称。蕨类植物是陆生维管植物中第二大类群，距今已有 4 亿多年的演化历史，曾是地质历史中地球植被最主要的组成成分，侏罗纪末期随着有花植物的兴起，蕨类植物多演化成为有花植物森林下耐阴植物的主体或攀缘至林冠层成为附生植物，有着较为繁杂的家族和多样性。蕨类植物在生活史中孢子体较配子体发达，并有了根、茎、叶的分化和较原始的维管组织，通过孢子来繁殖后代，其孢子体和配子体均能独立生活，两者交替出现，但孢子体在生活史中占优势。孢子囊中的孢子散布出去后，在适宜的环境中萌发形成带有精子器和颈卵器的配子体，精子器中的精子和颈卵器中的卵子结合形成的受精卵又可以发育成孢子体。

全世界现存石松类和蕨类植物多为中小型草本植物，约 12 000 种，隶属 51 科、337 属，广泛分布于世界各地，尤其以热带和亚热带地区种类最多，具有土生、水生、石生、附生的生境类型和草本、藤本、灌木及小乔木等丰富多样的生态类型。

（二）石松类和蕨类植物的分类与系统发育

传统的蕨类植物分为松叶蕨亚门、石松亚门、水韭亚门、楔叶蕨亚门和真蕨亚门五个亚门，其中，前四个亚门称为拟蕨类植物，真蕨亚门称为真蕨类植物。现代分子系统学研究又将现代蕨类植物分为两个大类：石松类和蕨类，其中，石松类包括了石松科、水韭科和卷柏科，其他类群都称为蕨类植物。

由于我国喜马拉雅地区的海拔和气候变化差异大，在垂直地带上植被从低海拔的热带雨林向高海拔的高山草甸甚至冰川过渡，因此这一地区孕育了丰富的蕨类植物，成为我国蕨类植物最为丰富的地区，也是世界植物多样性的热点地区之一。

对全球石松类和蕨类植物系统发育进行分析发现，石松类被认为是维管植物的最早分支，也是现存种子植物和其他蕨类植物的共同祖先分支。蕨类植物中的木贼科、松叶蕨科、瓶尔小草科和合囊蕨科较为原始，形态多样且数量庞大的水龙骨科是较为进化的类群。

三、裸子植物多样性

（一）裸子植物多样性概要

裸子植物是陆地植物演化的关键过渡类群。裸子植物的胚珠裸露或部分裸露，代表了种子植物中的原始传代线，是从孢子植物向种子植物演化的关键转换群。它们起源古老，最早的种子可追溯至中泥盆世。裸子植物经历了中生代的繁盛，曾与恐龙一起称霸陆地生态系统。古近纪及新近纪以来，由于环境变化和被子植物的竞争，其在陆地生态系统中的优势地位逐渐被取代，目前是陆地植物四大门类中现存种类最少的一类，仅存4亚纲8目12科85属1118种。

裸子植物各类群南北半球有明显分化。苏铁目、南洋杉目、柏科、买麻藤科和百岁兰科以热带南半球分布为主，而银杏科、金松科、松科、柏科、红豆杉科和麻黄科则以北温带分布为主。裸子植物在南半球热带保存了更古老的支系。裸子植物起源古老，过去人们一提到裸子植物就想当然地认为它们的现代种类也很古老，是活化石。

裸子植物对人类很重要。虽然裸子植物的物种多样性低，但是它们在陆地生态系统中却起着举足轻重的作用。全球森林面积的39%以上由裸子植物构成，很多裸子植物种类是建群种，甚至构成大面积的纯林。另外，裸子植物还有重要的经济价值，与人类生活息息相关。

（二）中国裸子植物多样性与分布

中国是裸子植物的重要产区，产4亚纲7目8科37属260种，有着鲜明的特点：物种多样性高、特有繁多、古老孑遗丰富且新老并存。苏铁类、银杏类、松柏类和买麻藤类四条主要传代线在中国全部有代表种类。全球8个目中，除了百岁兰目以外其余7目中国全产，即苏铁目、银杏目、松目、南洋杉目、柏目、麻黄目和买麻藤目，占全球总数的87.5%。科级水平上，除了泽米铁科、金松科、南洋杉科、百岁兰科外，其余8个科中国均产，占全世界科数的66.7%，其中包含一个特有科，即银杏科。属级水平上，中国分布37属，占全球总属数的43.5%，其中包含6个特有属，即银杏属、银杉属、长苞铁杉属、金钱松属、水杉属和白豆杉属，均为单型、古老、孑遗植物。此外，还有一些属为近特有孑遗属，如：

台湾杉属、水松属、杉木属、福建柏属（Fokienia）、金柏属等。种级水平上，中国产260种，占全球总种数的23.3%，其中特有种比例达42.8%。

中国裸子植物的空间分布有显著的地理格局。总体上看，物种多样性呈现南高北低的基本格局。西南横断山区是裸子植物的物种多样性中心，广西北部、华中和福建山区的物种多样性也较高，而在青藏高原（藏东南除外）、西北、东北和华东地区的物种多样性较低。苏铁类我国仅产苏铁科苏铁属，物种多样性集中在云南和广西一带。银杏过去认为是浙江天目山特有。裸子植物的物种多样性与年均温、最冷季均温、年降水、最冷季降水、湿润指数、实际蒸散量、海拔高差、年均温空间变异和年降水空间变异呈显著正相关，而与末次冰期以来的气温变化呈显著负相关。生境异质性因子对裸子植物物种多样性格局的影响最大。

（三）中国裸子植物的濒危状况与保护

随着人口增长和经济飞速发展，全球气候变化、过度利用、生境丧失、环境污染和外来种入侵等已经成为全球物种威胁的重要因素。世界自然保护联盟（IUCN）是全球最大的环保组织，该组织制定红色名录评估标准，并组织全球分类学专业人员开展红色名录评估，如此可以获得全球物种的生存现状和濒危情况，据此制定恰当的物种保育策略。目前已评估的全球5万多种植物22%的物种受到威胁，这些物种多数集中在对自然资源比较依赖的欠发达地区。苏铁类和松柏类的受威胁程度均较高。《全球植物保护战略》（GSPC）和联合国《生物多样性公约》号召并要求全球各国政府积极履约，保护地球上的濒危物种。

我国最近开展了植物物种的红色名录评估工作，结果显示我国高等植物约10%的物种受到威胁，低于世界平均值。但我国裸子植物受威胁程度远高于平均水平，受威胁种类占评估种类的比例达到了59%，包括极危37种、濒危35种、易危76种，共148种。

我国针对裸子植物的保育行动也做了大量的保育研究。如：对国家I级重点保护野生植物银杉、水松、苏铁属植物、百山祖冷杉等都实施了大量拯救性的保护行动，并取得了一定的成效。

在野外调查基础上开展的深入研究和分析表明，裸子植物物种的致危因素包括七大类，即气候变暖、生境退化、分布面积过小、种群小、过度利用、自身繁育问题和病虫害等。各因素之间常常不是单独作用，而是彼此交织，导致物种濒危。如何积极开展针对性的保育策略保护好我国的濒危裸子植物是当前我国政府有关部门和研究机构需要迫切开展的课题。

四、被子植物多样性

和裸子植物相比，被子植物有了真正的花，其胚珠也不像裸子植物那样裸露地生长在大孢子叶球上，而是被小心翼翼地包藏于子房内并和子房一起发育形成果实，果实不但能保护种子，而且又帮助种子以各种方式进行传播和散布。

此外，被子植物还存在着独特的双受精作用，即花粉在柱头上萌发后形成直达胚囊珠孔的花粉管并释放出两个单倍体的精细胞，其中一个精细胞跟单倍体的卵细胞融合形成二倍体的受精卵，另一个精细胞跟中央细胞中的两个单倍体的极核同时受精形成三倍体的初生胚乳核。

受精卵发育成的胚具有双亲的遗传特性，在保证物种相对稳定性的同时，还加强了后代个体的生活力和适应性，并为可能出现新的变异性状提供了重要遗传基础；初生胚乳核发育成的胚乳同样也结合了亲本的遗传特性，更适合为胚发育和种子萌发提供丰富的营养，增加了子代的生存竞争力。因此，被子植物的双受精作用是植物在进化过程中的最高级形式，为子代"不输在起跑线上"提供了最充足的物质条件，使它在自然界复杂的生存竞争和自然选择过程中，不断产生新的变异和新的物种，这也是被子植物在地球上最为繁盛的重要原因之一。

被子植物中绝大多数种类为自养型，它们具有叶绿体，可以依靠太阳光、二氧化碳、水和无机盐进行光合作用形成有机物。但有些被子植物缺乏叶绿素，不能进行光合作用，它们要么通过菌根来获得营养，要么寄生于其他植物上生长，前者被称为菌根异养植物，主要为兰科植物；后者被称为寄生植物，如：最为典型的菟丝子属、锁阳科、蛇菰科所有植物及列当科部分属植物等。

（一）我国被子植物的分类和数量

传统上，我国被子植物采用的分类系统主要有哈钦松分类系统和恩格勒分类系统，目前的研究基本采用了基于分子系统发育研究得到的被子植物系统发育研究组 APG（Angiosperm Phylogeny Group）分类系统。我国北方地区的研究单位及地方植物志多采用恩格勒分类系统，而在我国西南和华南地区多采用哈钦松分类系统。

APG 分类系统将被子植物分为 64 目 416 科，分别隶属于被子植物基部群和中生被子植物两大分支。而后者又包括了木兰类、单子叶植物和真双子叶植物等主要分支。值得一提的是，我国学者完成的《中国维管植物生命之树》利用多基因序列数据重建了我国分布植物的生命之树，在与世界前沿接轨的同时，也将我国的植物种类，尤其是属级水平的维管植物进行了全面梳理和介绍，对研究我国维管植物的分类历史、类群间亲缘关系、属种多样性及部分类群的系统学研究现状具有重要的意义。

（二）被子植物资源的保护与利用

植物是人类生存与生活的重要支柱。我国是一个植物资源丰富的国家，在植物资源的利用方面有着悠久的历史。植物资源对人类文明建设、经济发展和科学进步起着非常重要的作用。

相对于其他植物，被子植物由于种类多、分布广、适应性强等特点，最大限度地满足了人们的各种需求，并与我们的日常生活息息相关。被子植物的根、茎、叶、花、果实和种子是蔬菜、淀粉、蜜源、纤维、油料、木材、药物等食物和用品的主要来源，其中含有的糖类、蛋白质、脂肪类和维生素等满足了人类和动物生长所必需的基本营养物质，是人类和动物生存的基石。俗话说"民以食为天"，我们餐桌上的主要食物，如：稻米、小麦、大豆、玉米、甘薯、马铃薯、辣椒、番茄、白菜、萝卜、板栗、胡椒和各种水果，以及喝的茶和咖啡等都来自被子植物，它们可以提供人类生长所必需的有机物等。利用中草药来治病、防病和养生在我国源远流长，《神农本草经》就是一部从我国原始社会到东汉民间利用药用植物的历史性经验总结。而烟草就是因为在早期用来医治牙痛、肠寄生虫、口臭、破伤风甚至癌症而从美洲传播到全世界的。

植物除了有食用和药用的功能外，还是纤维、油料、鞣料、树脂、橡胶、染料等具有众多功能物质的来源。因此，为了得到更多的资源，许多植物见证了人类的鲜血和战争的硝烟。

随着人口数量的增多和社会经济急功近利式的发展，大量的生境被破坏，对天然植物资源的利用也越来越有掠夺性的倾向，再加上外来物种的入侵和自然灾害等原因，我国野生植物资源也受到严重影响，有的甚至灭绝。我国西南地区及海南等岛屿是受威胁的被子植物主要集中分布区，其原因主要是植物生境的丧失和破碎化，过度采挖，物种内在、外来入侵种在内的种间竞争、环境污染、自然灾害和全球气候变化等，这些因素也导致了包括被子植物在内的所有植物的生存受到重大干扰。

因此，全面推动绿色发展，促进人与自然和谐共生，以实际行动践行"人与自然是命运共同体"，应成为我们这一代人和以后几代人共同奋斗的目标。

第三节　植物多样性保护理论及实践

一、植物多样性保护理论

（一）植物多样性的就地保护理论

就地保护通常被认为是最有效的保护方式，是以国家公园、自然保护区和自然公园（包括风景名胜区）等方式，将有价值的自然生态系统和野生生物生境就地保护起来，以保护生态系统内生物的繁衍与进化，维持系统内的物质能量流动与生态过程。对于种群大幅减少的濒危植物，应通过行政干预、立法等措施停止破坏，使其种群逐渐恢复生机。对于生境丧失或破坏，已处于濒危状态的植物，应对其生存的环境进行保护和恢复，这是解决濒危的根本措施。就地保护在必要时须建立自然保护区，使濒危植物有一个相对完整和不受干扰的生存空间。自然保护区应选在其物种具有典型性、稀有性、脆弱性、多样性、自然性、感染力、潜在价值和科学潜力的地理区域中。就地保护的理论常包括：①岛屿生物学理论；②生物多样性理论；③保护生境的完整性；④保护珍稀濒危植物种群的完整性；⑤研究珍稀濒危植物的可持续利用；⑥通过科普教育提高公众保护珍稀濒危植物的自觉性。

由于全球不到10%的已知植物物种得到了保护评估，所以有多少种濒危植物得到了就地保护仍然未知。由于许多地方仍受到人类活动如：城市化、基础设施建设、生境转化、非法采收和火灾等的威胁，以及其他问题包括与政策相关的问题，如：政府机构软弱、政策冲突及资源使用权，加上保护区网络覆盖范围不完整的事实，其他的保护方法是必要的，如：迁地保护。

（二）植物多样性的迁地保护理论

迁地保护指的是以整株、种子、花粉、营养繁殖体、组织或细胞培养物的形式，在人工创造的适宜环境中保存，避免受自然灾害或人为因素的影响。迁地保护是为了增加濒危物种的种群数量，而不是用人工种群取代野生种群。当迁地种群数量增加时，通过不断释放迁地种群的繁育后代补充野生种群，能增加野生种群的遗传多样性。迁地保护可以采用调整遗传和种群结构、疾病防治和营养管理等方面的措施，减弱随机因素对小种群的影响，并通过人工管理迁地种群使其有效种群达到最大。植物迁地保护是生物多样性保护的重要组成部分，在植物多样性保护中发挥着越来越重要的作用。迁地保护通常包括植物园引种收集的栽培园（区）、农作物种质资源库（圃）及野生植物种子库等，广义上也涵盖植物离体组织培养保存库及各类植物 DNA 库等。植物多样性保护意义上的植物迁地保护，植物园引种栽培及其植物专类园（区）被认为是最常规、有效的途径和方法。

珍稀濒危植物迁地保护可以发挥如下作用：①在生物学和社会生物学基础研究中作为野生个体的作用材料；②取得管理野生种群的经验；③作为补充野生种群的后备基因库；④为那些野外生境不复存在的物种提供最后的生存机会；⑤为在新的生境中创建新的生物群落提供种源。

迁地收集的保护价值取决于三个主要因素：①植物材料的收集类型随每个物种的繁殖生物学、种子特性和对异地环境的适应性变化；②收集方法：一般来说，具有良好档案记录的、野外采集的、捕捉了尽可能多的遗传变异的物种的迁地收集具有最大的保护价值；③对有活力的种质资源的后续维护在决定一个迁地收集的最终保护价值方面起着至关重要的作用。

（三）植物多样性的近地保护理论

近地保护是对分布区极为狭窄、生境极为特殊、分布点极少的极小野生植物种群，通过人工繁殖并构建苗木数量和种群结构，在其分布区周围选择气候相似、生境相似、群落相似的自然或半自然地段进行定植管护，并逐步形成稳定的种群。近地保护强调"人工管护"，具有保护、科研观察和科普展示的功能，是介于回归自然和迁地保护之间的一种特殊的保护形式，还需要进一步研究、探索实践和不断完善。近地保护包括以下五个步骤：①调查和分析物种的分布；②根据空间或者生态特征采样；③在适合的地点种植（即在与原分布区环境相似的自然或半自然的生境中）；④研究其生活史特征，生物因子和非生物因子对其种群动态的影响；⑤目标物种的回归（最好采用种子繁殖），并监测回归植株的动态。

二、保护植物多样性的实践

（一）就地保护实践

1.百山祖冷杉就地保护

百山祖冷杉属松科，常绿乔木。国家 I 级重点保护野生植物，中国特有种，被列为世界最濒危的 12 种植物之一，仅存 3 株野生母树，分布于浙江百山祖国家公园南坡海拔 1740 ~ 1750 米的沟谷地段。由于自生繁殖能力弱和环境变化等，百山祖冷杉"结婚生子"一度困难，百山祖国家公园和专家们通过不懈努力取得成功，人工培育的实生苗存活83 株，其中部分已经开始结球果。第一批嫁接树中现存 14 株，其后代野外种植 2000 多株。又借 3 株母树均长出球果之际，百山祖国家级自然保护区对百山祖冷杉原生境进行了改良：适当清理母树邻近植株的枝叶和林下过密的庆元华箬竹等低矮灌草，以改善林内光照条件、增加光强；合理移除地表过厚的枯枝落叶，以帮助弱小的种子"着陆"和幼苗根系入土，一项项措施正有条不紊地进行着。

2.仙湖苏铁就地保护

仙湖苏铁为苏铁科，国家 I 级重点保护野生植物，中国特有种。历史上在广东深圳、清远、乐昌、曲江和福建诏安等地有野生种群，现保存较好且能产生种子繁育后代的仅有深圳的梅林水库种群。在梅林水库保护区和深圳市中国科学院仙湖植物园（简称仙湖植物园）协力下，开展了一系列的抢救性抚育措施，如：间伐、修枝和清理以改善光照条件，加强病虫害防治，人工辅助授粉，施肥改善营养条件等，使该苏铁种群很快恢复正常生长，并逐渐出现较多开花结实植株。同时，保护区建立了仙湖苏铁种苗繁育中心，将收获的种子人工播种繁育出幼苗，其中大部分种子在种群内就地播种。

（二）迁地保护实践

峨眉拟单性木兰是木兰科拟单性木兰属常绿乔木，极危植物，中国特有种，仅在峨眉山有两个种群。传粉困难、种子产量和萌发率低、森林砍伐、生境碎片化等是导致该物种濒危的主要因素，还没有特殊的保护措施来确保该种群的完整。然而，峨眉山植物园的工作人员从野外收集种子和幼苗，并在该植物园里开展人工繁殖，获得了实生苗并在植物园里进行定植，其中进入开花期，每年开展人工授粉实验，获得的种子再进行繁殖。这些苗进一步用于迁地保护和野外种群的增强回归，共建立了 9 个迁地保护点，包括成都市植物园、华西亚高山植物园、昆明植物园、武汉植物园、庐山植物园、西安植物园、南京中山植物园、三峡植物园、神州木兰园。基于该植物园迁地保护的植株，这些综合保育措施有效遏制了该物种的灭绝。

（三）近地保护实践

湖南八大公山国家级自然保护区有高等植物 2400 多种，包括长果安息香和巴东木莲等濒危植物 20 多种，其中，长果安息香主要分布在桑植县八大公山的龙潭坪镇头山村和苦竹坪村、五道水镇汨罗湖村、小溪村和土其洞村，巴东木莲自然分布在八大公山自然保护区杨家坪村。为了便于对该两种濒危植物进行保护监测、科研观察并进行科普教育，在 BGCI 的资助下，湖南森林植物园、武汉植物园及八大公山自然保护区管理处在天平山林区洋姜坪建立近地保护基地，在天平山林区黄连台村建立近地保护基地。目前开展近地保护试验，并对部分植株挂牌，定期进行生长数据监测和管理等工作，并将逐步形成稳定的种群。到目前为止，所有植株生长良好，成活率为 100%。

（四）植物多样性保护实践——以植物园为例

植物园是指拥有活植物收集区，并对收集区内的植物进行记录管理，使之可用于科学研究、保护、展示和教育的机构。虽然建立植物园的原初动机并不是保护，但是植物园长期的管理和植物收集客观上发挥了对植物保护的能动作用。20 世纪 80 年代开始，植物园肩负起了植物保护责任并成为濒危植物的"诺亚方舟"，是野生战略性植物资源保护的主体。

为了有效保护珍稀濒危植物，植物园在迁地保护过程中开始关注迁地保护和野外回归相结合，植物回归是野生植物种群重建的重要途径，是迁地保护和就地保护的桥梁。在中国，虽然林业系统在珍稀濒危植物的保护中发挥着管理作用，但植物园却是植物回归研究与实践的主要单位，植物园拥有的活植物资源、知识、技术和设施为植物回归提供了重要支撑，植物园的环境教育和科普活动为回归提供公众参与机会或争取社会资金的支持。

种质资源收集与评估对于摸清植物多样性本底、保护种质资源非常重要。中国植物园在全国范围内重点实施"本土植物全覆盖保护计划"，通过持续开展野外调查，每年动态更新各地区本土植物受威胁等级变化数据。中国植物园还积极参与"中国迁地保护植物大数据平台"项目，目前已建设完成"植物园机构信息数据库"，初步建成"中国植物园联盟植物信息管理平台（PIMS）"，并在 40 个植物园推广使用；此外，还搭建、共享"本土植物全覆盖保护数据"等，为掌握战略植物资源的储备情况、有针对性地指导我国本土植物保护和履行生物多样性公约提供数据支撑和服务。

利用是最好的保护。中国建立了选取适当的珍稀植物，进行基础研究和繁殖技术攻关，再进行野外回归和市场化生产，实现其有效保护，加强公众的保护意识，同时，通过区域生态规划及国家战略咨询，推动整个国家珍稀濒危植物回归工作的模式；这种模式初步实现珍稀濒危植物产业化，产生了良好的社会、生态和经济效益，为国民经济发展做出了出色贡献。

当前发达国家植物园在国际植物园保护联盟（BGCI）的倡导下，在履行联合国《生物多样性公约》（CBD）下的《全球植物保护战略》（GSPC），考虑了全球变化、社区可持续发展的影响，更加关注了物种尺度甚至是生态系统尺度的保护和恢复，综合利用了就地保护、迁地保护、野外回归、资源利用等手段，植物园在这个综合保护方法中起了主导作用。全世界多数植物园还没能真正有效地行使对植物多样性的保护和自然环境改善的使命，使公众最大限度地认识到植物多样性的价值及它们所面临的威胁并采取行动。不过，只要协调得很好，全球植物园网络就是世界上最大的植物保护力量。

第四章 中国生物多样性保护公众参与机制

第一节 生物多样性保护公众参与机制的理论基础

一、公众参与的含义、相关理论及模式

（一）公众参与的含义

公众参与的理念由来已久，国内外学者在对各种领域的公众参与活动进行深入研究的基础上，形成了与各个领域特点相关的公众参与的定义。较早应用公众参与理念的领域是公共决策领域、城区规划与管理领域及环境管理领域。

公共决策领域提出，公众要参与到政策及公共决策的制定过程中，充分表达自己的意见，形成合意，以此对公共决策产生影响。该领域对公众参与的理解分为广义和狭义两个层面：狭义的公众参与，多使用"公民参与"的说法，强调参与权是公民权的一部分，参与者仅指个体公民；广义的公众参与，则使用"公众参与"或"公民参与"的说法，主张一切非政府的公民和团体均可参与，即公民、利益相关者、专家、私营部门及其人员等都是参与者。

城市规划中的公众参与强调市民和利益相关者的参与，要让市民和受到规划影响者都参与到规划过程中，并在规划中尽可能体现他们的意见与要求；公众要参与到城市规划的开始阶段和执行阶段，并且要实现主动性参与和实质性参与。针对公众参与城市管理，国内外提出了城市治理的理念，主张参与式城市治理，从而实现以利益相关者为核心的公众参与及其与政府之间的合作。

将公众参与理念用于环境管理领域，在国际上形成于 20 世纪 70 年代，于 20 世纪 90 年代传入中国，并逐步兴起。国内学者普遍认为，公众参与是指公众通过直接参与同政府或其他公共机构的互动，决定公共事务和参与公共治理的过程。公众参与是生态学领域研究环境政策的基本原则，也是基于环境权利、环境民主原则形成的方法之一。公众参与是各利益群体通过一定的社会机制，使公众尤其是利益相关者能够真正介入决策制定的整个过程，以实现资源的公平配置和有效管理。

（二）公众参与的相关理论

1. 社会冲突理论

通常情况下，冲突意指互不相容的对立双方在利益、行为等方面的相互对抗和干扰。现代社会中，由于不同国家的历史发展、传统文化、经济状况的不同，冲突被赋予了一定的政治内涵，从而使越来越多的学者开始注意冲突的衍生过程和发展规律。其中，社会学家刘易斯·科塞（Lewis Coser）对冲突提出了最为经典的定义，他认为冲突是价值观、信仰及对于稀缺的地位、权利和资源的分配上的争斗。社会冲突理论作为西方社会学研究中非常重要的研究工具和理论内容，在西方集群运动研究中发挥过巨大的作用。社会冲突理论起源于马克思对社会物质稀缺性的阐述。马克思认为，资源的稀缺和分布不均是导致社会固有冲突的原因，在这种社会固有冲突持续存在的情况下，社会运作机制的不公平是导致社会不平等的关键因素。在一个以资本为本位推动发展的社会中，稀缺的社会资源、简单粗放的经济发展模式及由资本控制的上层建筑运作方式都决定了社会冲突的必然存在。在马克思看来，冲突具有普遍性，是资本主义社会发展的必然结果，因此，有必要寻求社会冲突的发展规律，并采用适当的方式对其加以解决。

在马克思社会冲突理论的基础上，科塞将其进行了巩固和发扬，并提出由于社会冲突是关乎根本价值、权力地位及有限资源的争夺，而争夺必然伴随对对方的打击与伤害，因而必须重视对社会冲突的研究，使其尽可能发挥正向作用。现代社会中，通过宽容灵活的社会结构及由此而生的具有相当包容性的社会关系来解决社会冲突是促进冲突各方相互适应、整合利益失调、推动社会发展的有效方式。这就要求社会各阶层之间相互沟通，有效交流，积极参与社会发展的各个方面，这样反过来又能不断促进社会结构的整合。换句话说，现代民主社会和平发展的特性决定了公众参与在解决社会冲突方面的必要性。在动态的公众参与实践中协调各方利益，从而使政府决策能够满足多样化的价值需求，以此促进民主实践和社会发展，是现代社会不可逆转的发展趋势。

2. 阶梯理论

20 世纪 60 年代伊始，随着西方国家民权运动的蓬勃发展，人们开始越来越多地关注公众参与的理论与实践，命令式社会管理开始逐渐向公众参与式社会治理转型。在此过程中，许多学者对公众参与理论的发展做出了贡献。

3. 环境权理论

公众参与环境保护已成为世界范围内的一种潮流，公众参与是环境与资源保护法的基本原则之一。其法理渊源来自环境权的概念。环境权作为一种新的、正在发展中的重要法律权利，既是环境保护法的一个核心问题，也是环境保护立法、执法和诉讼的基础。环境权的主张是在 20 世纪 60 年代初由联邦德国的一位医生首先提出来的。同时，美国也掀起了一场举世瞩目的争论，即公民要求在良好的环境中生活的宪法根据是什么？在这场争论中，美国密歇根州立大学的教授约瑟斯·萨克斯（Joses Sachs）以法学中的"共有财产"和"公共委托"理论为根据，提出了系统的环境权理论。随后，日本学者又提出了环境权的两条基本原则，即"环境共有原则"和"环境权为集体性权利的原则"，进一步发展了环境权理论。

越来越多的国家将环境保护纳入宪法，对环境权做了不同程度的政策性宣告，与此同时，这些国家还制定了多层次、内容丰富的环境法律法规，确立了一些司法判例来具体保障落实这些基本权利和义务。

（三）公众参与的模式

社会参与在历史上存在共同体参与、自由结社参与和个人参与三种基本模式。共同体参与模式是指社会以统一的价值观念和社会目标把人们联系起来，通过社会劳动、典型示范、说服教育和社会目标的话语霸权强化人们对共同信念的忠诚，从而实现社会认同和社会参与；自由结社参与模式是指人们为了某种共同的目的，无须经政府许可组成一定的社会组织，即非政府组织，并通过组织化的形式表达个人的意愿，维护自己的权利，以满足自身需要的一种社会参与方式；个人参与模式即以个人为单位的没有组织的参与方式。

结合公众参与在生物多样性保护领域的特点，其参与模式可分为个人参与模式和社会公众参与模式两种。

1. 个人参与模式

个人参与生物多样性保护可以通过行使个人的环境权力来实现。个人参与也是社区参与模式和非政府组织参与模式的基础。影响个人参与生物多样性保护的因素主要有环境或生物多样性保护意识和个人的社会背景，环境意识在一定程度上预示着个人的环保行为。公众的价值观会对其环保行为产生很大的影响。不同的时空条件，人们的思想观念不同，会产生各种不同的环境意识表现，从而影响人们的环境行为。个人受教育程度、居住地、年龄、职业等社会背景也会对个体参与环保行为有所影响。

个人虽然从以前的那种严格的集体的束缚里挣脱出来，但社会仍旧是一个组织森严的整体，个人在整个社会中的地位还是比较低的，其行为仍然要受到各种强大的组织的有形和无形的压力，人们可以个人的身份参与公共事务，但最终还是没有决定权。因此，个人的参与行为对于生物多样性保护而言作用甚微，只有将个体行为转化为群体行为，促使相当多的公众真正参与到生物多样性的保护中，才能实现生物多样性可持续发展的目标。

2. 社会公众参与模式

社区公众参与和非政府组织公众参与是社会公众参与模式的两种参与形式。20世纪90年代，我国提出了社区参与的概念。社区是集聚当地居民的社会单位，社区公众参与将个体行为转化为群体行为，使得参与行为可以更加有效地被运用到环境问题的管理中。

环境权的整体性和公共性要求通过共同的集体行动来履行，其中社区是公民参与生态保护行动最直接和便捷的渠道，通过社区对外进行延伸，比如，进行环境维权、参与和推动政府环境政策的制定等活动。并且，社区生态保护集体行动是融合社区智慧的产物，其中的"规则"与"秩序"既符合效率原则，又保证了公平原则。

社区公众参与是近年来国际上在生态保护中广泛采用的一种模式。社区集体保护行动常常会面临因徒困境，导致公共的悲剧，为此，需要构建有效的集体行动激励与约束机制，包括达成社区共识，使每一位社区居民都明白生态资源保护的重要性；建立社区新的行动准则和伦理标准，并形成社区内部的惩罚制度；降低居民参与社区行动的成本，保障其参与行动的收益，达到社区成员普遍参与的目标。

非政府组织公众参与是社会公众参与模式的另一个参与形式。社会群体的构成是十分复杂的，不同的群体具有不同的利益诉求，存在广泛的价值冲突。建立有效的组织机构并明确其职责是顺利开展公众参与的组织保障。

二、生物多样性保护公众参与的相关概念、主体和客体

（一）相关概念

1. 生物多样性保护

依据《生物多样性公约》的解释，生物多样性是指所有来源的形形色色的生物体，这些来源除其他外，包括陆地、海洋和其他水生生态系统及其所构成的生态综合体；还包括物种内部、物种之间和生态系统的多样性。该公约给出的定义是目前普遍认可的定义。生物多样性包括生态系统多样性、物种多样性和基因多样性三个层次。

生物多样性的保护是全人类共同关切的事项。各国有责任保护自己的生物多样性并以可持久的方式使用自己的生物资源。保护生物多样性的基本要求，是就地保护生态系统和自然生境，维持恢复物种在其自然环境中有生存力的群体。划定专门的生物多样性保护区，是普遍采用的生物多样性"就地保护"方式。此外，保护和持久使用生物多样性对满足世界日益增加的人口的粮食、健康和其他需求至为重要，"遗传资源和遗传技术"的"取得和分享"也是生物多样性保护的必要内容。总而言之，该公约明确了生物多样性保护的内涵，生物多样性保护关乎人类生存，其保护是基于生物资源可持续利用的保护，保护所产生的惠益应当公平分享，就地保护是生物多样性保护采取的主要方式。

2. 生物多样性保护的公众参与

生物多样性保护的核心是生物资源的可持续管理，由于资源使用者和受到资源管理措施影响的个人在资源管理中往往缺乏主动参与的能力，因此，需要采取必要的参与方法和决策，引导和激励他们参与。生物多样性保护范畴内的"公众参与"，指的是生物资源的使用者，生物资源的管理者和受到生物资源管理措施影响的利益相关人主动或应邀加入资源管理规划、决策、管理行动和效果评价等的系统过程。

（二）生物多样性保护公众参与的主体

研究生物多样性保护公众参与的主体，应当充分考虑生物多样性保护的以下三个特点：

第一，生物多样性包括生态系统多样性、物种多样性和基因多样性三个层次，其保护政策的制定必须依赖确实可信的科学研究。

第二，生物多样性保护与每个人的生存环境息息相关，必须兼顾生物多样性保护和人类福祉，这就决定了其保护措施具有公益性。

第三，实际管理中，生物多样性保护行政管理涉及林业、国土、农业、水利、环保等多个部门，要求政府部门间的协作。

因此，公众参与在"生物多样性保护"这一具体语境下，其主体应当包括科学研究人员、普通居民、政府相关管理部门及其他相关社会团体。各个主体代表不同的利益，在参与的过程中应相互了解和协调，变现生物多样性保护和人类福祉的可持续发展。

1. 科学家（专家）/科研机构

生物多样性保护是一个复杂的环境问题，在实际过程中，政府管理者在制定相关保护政策时往往面临着科学信息缺乏和许多不确定性因素，科学家（专家）/科研机构的参与是为生物多样性保护提供科学依据的前提。然而，科学研究结果有时无法应用到政策决策中，科学研究和政策制定出现了脱节的现象。缺乏与决策问题相关的科学信息，是科学与政策的主要障碍。因此，科学家（专家）/科研机构在生物多样性保护过程中与政策制定者和其他利益相关人协作，将科学研究结果运用到环境决策中，是科学家（专家）/科研机构参与生物多样性保护的重要内容。

对于自然保护的相关问题，科学家的研究结果能否跨越知识与应用的界限并最终被决策者采纳，取决于是否满足三个条件；其一，研究的内容必须具有显著突出性；即与决策内容息息相关，并且实时提供给决策机构。其二，研究结果确实可信性。其三，研究过程合法正当性。但是，决策者对于科学信息的可靠性和合理性，与科学家有着不同的看法。严谨的科学方法要求用实验建立因果关系，并且在多时空尺度具备高度重复性。而环境保护方面的问题研究通常难以满足这一要求，为了保证研究方法的严谨性，通常将问题简单化，这样虽然可以产出大量的研究结果，但在实践中这些结果却不被接受。对于生物多样性保护政策的社会影响的研究通常只能采用定性研究的方法，这在决策者眼里是合理的，但对于更加信任定量研究结果的科学家来说，定性研究结果显得不够准确可信。因此，让利益相关者对研究的突出性、可信性和合理性达成一致认可尤其重要，这是将科学研究结果应用到政策中的重要基础。

2. 居民/社区

土著和地方社区同生物资源有着密切和传统的依存关系，应公平分享从利用与保护生物资源及持久使用其组成部分有关的传统知识、创新和做法而产生的惠益。妇女在保护和持久使用生物多样性中发挥着极其重要的作用，妇女必须充分参与保护生物多样性的各级政策的制定和执行。

生物多样性保护政策通常具备的特点：采取在一定的时间期限内或无限期地改变、降低、限制或禁止珍贵资源的使用，如：采取禁耕、禁牧、禁伐、禁采、禁渔及禁捕等措施；采取划定自然保护区的措施以保证珍贵资源不受侵害；在自然保护区的核心区限制一切人为活动，要求居住在核心区的社区整体搬到核心区外，建立新的居住点；建设其他保护设施等。这些政策和当地居民的生活息息相关，与生态资源相依为命的原住民是生态环境治理的内生力量。

3. 政府管理部门

政府管理部门在生物多样性保护的公众参与中起着引导作用。首先，政府管理部门具有重要的生态保护职能，通过公共选择程序，决定保护目标，设立管理机构，制订和执行保护立法和规划。同时，借助税费、补贴等经济手段，筹集资金，克服生态保护的外部性问题。其次，中国涉及生物多样性管理的政府部门包括农业、林业、渔业、环保等多个部门，这些部门之间实现了良好的协作和沟通。

4. 企业

企业在社会系统中，与政府、居民和其他利益相关者一起承担着保护环境的社会责任。随着时代的发展，企业采用生态文明的生产方式，履行社会责任，已经成为一种必然趋势。但是，按照传统经济学理论，一般将环境产品理解为纯粹的公共产品，企业在没有任何政策约束的条件下，不会主动增加对环境保护的投入。因此，国家政策直接影响着企业的环保参与行为。

中国企业已初步形成了环境管理的意识，生态环境保护成为企业发展的基础。对于生物多样性保护领域的企业参与，依赖于政府的引导激励和社会的呼吁，为企业提供参与的途径和方法，促进其参与生物多样性保护。

（三）生物多样性保护公众参与的客体

1. 生物多样性保护政策的制定和执行

生物多样性保护政策的制定：生物多样性保护战略和行动计划的制订，包括各部门、各省级政府制订本部门和本地区生物多样性保护战略和行动计划；生物资源保护和可持续利用的激励政策的制定；生物遗传资源获取与惠益共享政策的制定；生态补偿政策的制定；外来物种入侵和生物安全的管理政策的制定；传统知识的保护政策的制定；自然保护区周边社区环境友好产业发展政策的制定。

生物多样性保护政策的执行主要包括对以上政策执行的监督，对生物多样性规划、计划实施的评估监督，对破坏生物多样性的违法行为的监督。

2. 生物多样性相关信息的调查、监测及交流

生物多样性本底信息的调查：生物遗传资源的调查，尤其是地方农作物、畜禽品种资

源、药用动植物和菌种资源的调查；野生动植物资源的调查；濒危物种的评估；当地传统知识的调查，尤其是传统医药和少数民族传统知识的整理和保护的调查。

生物多样性相关信息的监测：生态系统的监测，物种资源的监测，外来入侵物种的监测。

生物多样性相关信息的交流：建立生物多样性信息管理系统，包括生物遗传资源、数据库和信息系统；开展生物多样性保护科普教育，推广有利于生物多样性保护的消费方式、餐饮文化及其他理念和行为规范；发布濒危物种目录。

3. 生物多样性就地保护

自然保护区发展规划的制订，地方政府与当地居民对自然保护区的协作管理，建立自然保护区信息管理系统，制定自然保护区监管措施，自然保护区外围的民间生物多样性保护，管理人员的管理能力和业务水平，畜禽遗传资源保种场和保护区的建设，跨国界保护区的建立。

4. 生物多样性迁地保护

各类生物遗传资源保存库的建设，包括农作物种质资源、野生物种种质资源、林木植物种质资源、水产种质资源、野生花卉种质和药用植物资源、微生物资源等保存库的建设。保存库通常依托动物园、植物园或野生动物繁育中心等来建设。

5. 生物资源的可持续利用

畜禽遗传资源的开发和利用，农作物种质资源的更新繁殖、性状鉴定与评价，林木种质资源的性状鉴定和基因筛选，药用和观赏植物资源利用，以及公平分享生物资源利用所带来的惠益。

三、生物多样性保护公众参与机制的概念和内涵

（一）概念

"机制"泛指一个工作系统的组织或部分之间相互作用的过程和方式。在任何一个系统中，机制都起着基础性的作用。生物多样性保护公众参与机制是指在生物多样性保护过程中，个人、专家学者、社区、非政府组织、政府部门、企业等各参与主体之间相互合作、沟通、协调、制约所形成的制度，其目标是实现公众有序参与和有效参与生物多样性保护相关的所有事务，保障公众参与，实现生物多样性保护和社会经济的可持续发展。

（二）内涵

公众参与机制是关于政府和普通公众如何通过合理的渠道就相关公共事务进行协商、协调和协作的机制。生物多样性保护公众参与的实现机制是公众如何通过合理的渠道就生

物多样性保护公共事务进行协调和协作的机制。基于上文对生物多样性保护公众参与的主体和客体的分析，生物多样性保护公众参与机制应当包括对参与主体、参与客体的选择及实际参与过程的有效组织和实施。

1. 关于生物多样性保护公众参与的参与主体和参与客体的选择

托马斯（Thomas）针对公共决策领域提出了参与主体、参与客体选择的七个步骤，即决策的质量要求、政府决策所具备的信息、决策问题的结构化、决策参与的必要性、相关公众的判定、相关公众与公共管理机构的目标一致性及相关公众之间的冲突。其中，前三个步骤是对决策的质量要求，后四个步骤是对公众的接受性要求。在实施公众参与的过程中，对具体公共决策问题逐个做出判断和选择。基于公共管理对象的复杂性、公共决策过程机制的特殊性及公众难以直接控制等因素，决策的质量要求对参与主体、参与客体的选择没有直接影响，建议将第一个实施步骤删除。同时，建议将托马斯提出的最后两个实施步骤调整为：相关公众是否愿意参与整体对话以改善情况、公众投入或未来的关系是否会通过公众之间的学习而得到改善。依据上述参与主体、参与客体选择的步骤，公众参与生物多样性保护的参与主体和参与客体的选择可按以下步骤来完成：

第一，判断生物多样性保护公共事务的专业性程度，即判断具体公共事务是否属于专业性较高的事务，并据此判断该公共事务是否只能由具备一定专业能力的特殊人员而不是由普通公众的广泛性参与才可执行。在此基础上，考虑政府人员是否已经具备执行该公共事务所需要的专业知识与专业技能。一般来说，对该问题做出肯定回答则表示该公共事务执行的过程中公众参与的重要性较低。

第二，判断公众支持对生物多样性保护公共事务执行的重要性，即判断生物多样性保护公共事务执行及其预期结果的取得，对公众信息提供、民意支持、资源支持或行动支持等某一个或多个方面的需要程度。其判断的是公众参与对生物多样性保护公共事务执行的作用和价值，这主要取决于三个因素：一是政府所拥有的信息、资源的数量与质量，以及他们能否保证公共事务的有效执行。二是公众所拥有的信息、资源的数量与质量，以及他们对公共事务有效执行的重要性。一般来说，对"一"的判断若是肯定的，则公众支持的重要性相对较低；对"二"的判断若是肯定的，则公众支持的重要性较高。三是基于公众参与主体的多元化，需要考虑具体的公共事务需要哪些公众的参与及这些公众的参与意愿。

2. 关于生物多样性保护实际参与过程的有效组织包括公众参与保障机制和实现机制的建设

生物多样性保护公众参与的保障机制和实现机制可以从法治机制、方法培训机制、公众科学机制及协议保护机制四个方面加以研究。

第一，法治机制是基于政治文化建设的保障机制。其是基于中国的国家政策、法律法规等，分析生物多样性保护公众参与的基本权利，并说明这些基本权利具体如何影响公众参与，同时构建相应的保障机制。

第二，方法培训机制是基于公众参与能力提升的保障机制。其目标是构建生物多样性保护公众参与的基本方法和工具的框架，包括方法培训的主要对象、培训的方法、实施的模式，以及生物多样性保护公众参与的方法和工具。

第三，公众科学机制是基于生物多样性保护的相关科学研究和信息交流的实现机制。其是针对生物多样性保护的科学复杂性和不确定性，促进信息交流和公众参与的科学研究。

第四，协议保护机制是基于有效激励自然保护地公众参与生物多样性保护的实现机制。其目标是界定协议保护机制的相关利益主体，各利益主体在协议保护机制下，共同参与生物多样性保护。

第二节　生物多样性保护公众参与机制的构建

一、生物多样性保护公众参与的方法培训机制

（一）公众参与的层次

公众参与的层次是指生物多样性保护中公众参与的程度和深度，不同的公众参与层次对应着各自的参与式方法和工具。明确公众参与的层次是构建生物多样性保护公众参与的方法培训机制的基础。

公众参与可分为八个层次，即操纵、治疗、告知、咨询、安抚、伙伴关系、授权和公民控制，各个层次的公众参与程度逐渐提高。这样的层次划分的依据是前文所述的公众参与的阶梯理论。具体来说，操纵和治疗属于最低层次的公众参与，仅仅是指当权者教育和引导公众而使之接受和执行政府决策。告知、咨询和安抚是较低层次的参与。其中，告知是信息从政府单向流向公众、咨询则是当权者通过调查取得其所需的信息、安抚是允许公众提出建议和计划，使其能够产生一定影响，但决定权仍在当权者。伙伴关系、授权和公民控制属于较高层次的参与。其中，伙伴关系通过政府和公众协商实现权力的重新分配、授权是公众在协商中取得主导权、公民控制是公民全部掌控公共事务的进程。

生物多样性保护的公众参与层次可以概括为信息公开、意见收集、民意支持、资源支持、协作和参与主体自主六个层次。其中，信息公开、意见收集属于较低层次的被动参与，民意支持、资源支持属于中等层次的参与，协作、参与主体自主属于较高层次的互动性参与。一般情况下，公众参与层次越高，各参与主体能够获得的权利分享就越多，其对于参与的控制力和影响力就越大。在具体的生物多样性保护公众参与的实践中，参与层次的选择取决于参与客体和参与主体的构成和特征，以及参与主体和参与客体之间的利益相关度。实践中，生物多样性保护公共事务的参与主体可能是同一层次参与，也可能是多层次或分层次参与。因此，对于公众参与的层次有三种选择：部分公众参与，即根据实际要选择部分公众参与；分层次参与，即参与主体的参与层次不同；整体性参与，即公众以相同层次参与。

（二）参与式工具和方法

参与式工具和方法是指生物多样性保护中公众参与的途径和方法，即公众实现参与所依托的技术手段。国外传统的参与式工具和方法是政府信息公开、公开咨询、听证会等。20世纪90年代以后，参与式工具和方法逐渐多样化和专业化，并在越来越多的国家被实践应用。国内的政府信息公开、重大事项公示、听证会等参与式工具和方法已经被纳入制度化参与范畴，一些新型参与式工具和方法也得到了发展。参与式工具和方法分为两大类：第一，分享信息的方式。具体有嵌入式广告、情况介绍会、重要信息联络、专家讨论会、专题报道、现场咨询、电话热线、广告亭、信息库、邮件列表服务、新闻发布会、报纸插页、新闻稿与新闻邮包、平面广告、印刷宣传材料、答复摘要、技术资料联系、技术报告、电视传播、网站传播等。第二，提供反馈的方式。具体包括意见收集表、基于计算机的民意测验、社区主持人、德尔菲法、面访调查、网络调查、电话调查、访谈、邮件调查和邮件问卷、居民反馈登记、肯定式探询、专家研讨会、公民陪审团、餐桌会议、电脑辅助会议、协商对话、协商民间测验、共识对话、举办活动、焦点对话、焦点小组、咨询小组、座谈会、听证会、专家委员会、参观与实地考察、网络会议等。

目前，对于参与式工具和方法的应用主要表现在三个层面：其一，信息公开的参与式工具及公众监督、举报的应用，这些工具和方法的应用在国家法律和政策中已经形成了相应的制度，如：环境信息公开制度；其二，学术界对于生物多样性保护公众参与的研究所运用的参与式工具和方法；其三，在具体的生物多样性保护项目中，参与式工具和方法的运用实践。

（三）方法培训机制的构建

首先，对相关的公众参与主体进行培训，使其了解和掌握参与式工具和方法。

根据生物多样性保护项目的特点，确定参与项目设计和实施管理的人员，他们是公众参与方法培训机制的主要对象，主要包括：第一，负责生物多样性保护项目的项目官员（是公众参与的主持者，负责整个项目设计和实施的公众参与）；第二，环保局负责项目设计和实施的相关处室的相关人员；第三，农业农村部、林业局相关处室的项目官员；第四，自然保护区管理局的项目官员；第五，地方环保组织人员；第六，社区的相关人员（可以是村委会的成员，也可以是社区推选的其他人员，作为社区参与的代表，主要为当地人提供自然资源相关知识和传统技术的教授）。

要求以上人员深刻理解生物多样性保护公众参与的理念，认识公众参与的必要性；改变项目设计中传统的"自上而下"的理念，熟练掌握促进和协助公众参与的重点工具和方法，并能在实际的项目设计中熟练操作和使用。

其次，采取适当的培训方法，促进参与项目设计和实施管理的人员熟练掌握具体的参与式工具和方法。具体的培训方法有：

1. 课堂讲解

由培训人员在课堂上详细讲解具体的参与式工具和方法，并通过案例分析加深被培训人员对其的理解。

2. 课堂练习

在课堂上进行场景模拟，由培训人员组织被培训人员练习参与式工具和方法的运用。

3. 实地练习

选择具体的生物多样性保护项目，由培训人员组织被培训人员到社区进行公众参与方法的实地演练。

4. 总结交流

通过讲解和实地演练，由培训人员组织被培训人员交流练习过程中得到的经验和存在的不足之处，加深对参与式工具和方法的理解并完善其应用。

在进行方法培训和实地的公众参与练习过程中，应遵循以下原则：

第一，重视当地传统知识和技术，了解当地人对自然资源的理解；第二，重视民众的意愿和需求；第三，重视相关利益群体之间的沟通和相互的利益认可；第四，重视拟采取的发展措施对当地民众生计的影响。

在一定范围内实施具体的生物多样性保护项目，当地基层部门需要相当数量的熟练掌握参与式工具和方法的参与协助者。但是对他们采用全国统一培训的方法有一定难度，因此，可以对他们采用层级递进培训的方法。具体操作是由各部委聘请公众参与培训专家培训省级部门的人员，省级部门接受培训的人员培训县级的项目官员，再由县级的项目官员直接参与生物多样性保护项目的设计并指导培训乡镇或社区的技术人员。

二、生物多样性保护公众参与的公众科学机制

（一）基本概念

公众科学也称为公众参与式科学研究，指包含了非职业科学家、科学爱好者和志愿者参与的科研活动，其范围涵盖科学问题探索、新技术发展、数据收集与分析等。不同于传统科研项目，公众科学项目一般由公众和科学家合作发起，以公众广泛参与为鲜明特征。

随着信息和互联网技术的发展，公众科学项目对于传播科学知识、提高公众对科学的理解发挥着越来越重要的作用，并直接影响着政府的管理和决策行为。

公众科学虽是一个较新的术语，但其社会实践早已存在，尤其是在一些欧美国家有着

相当长的发展历史。在农业、林业和畜牧业生产中，公众也积累了大量有科学研究价值和应用价值的数据。

面对全球气候变暖、环境污染、生物多样性损失等环境问题，政府要制定合理的政策，这依赖于科学家对这一系列问题状况和变化的了解，依赖于高质量的科学数据的获取。然而，收集和整理数据，往往需要耗费科学家大量的时间和精力，有些数据甚至是无法获得的。如果公众能够参与到科学数据的收集、整理和分析中来，将会成为一个有效的补充。

（二）公众科学机制的构建

随着经济的高速发展，我国面临环境污染、生境破坏、生物多样性丧失等生态环境问题，为有效应对和解决这些问题，除依赖政府和科学家的力量，整合科学研究、生态保护和公众参与的公众科学无疑是一个有效途径，且与一些欧美国家近百年的现代公众科学发展历史和现状相比，我国的公众科学存在起步晚、参与度不高、数据质量管理和整合能力不足等问题。随着公众经济水平、受教育程度、对生态环境问题的关注度及网络参与度的提高，我国开展公众科学活动的时期已经到来。我国生物多样性保护公众参与的公众科学机制可以从以下四个方面来加强建设：

首先，加强生物多样性保护的公众教育是公众科学机制的重要内容。这包括对生物多样性知识的宣传和引导，对志愿者的培训；强化生物多样性教育，鼓励公众参与，即通过学校教育、新闻出版、传播媒介、社会实践等途径，强化对公民的生物多样性意识教育，鼓励公民积极参与生物多样性保护项目。尤其是引导与当地居民对当地生物多样性及其保护的关注和参与，其中，对青少年、妇女及少数民族在生物多样性保护中的引导尤为重要。

其次，建立公众、政府、科学家之间的信息共享平台。针对具体保护目标建立交流平台，让所有利益相关群体知晓和参与信息的交流和反馈。信息共享平台可以是针对某一生物多样性热点区域建设的生物多样性信息本底调查平台，也可以是针对某一具体保护物种建设的监督保护平台。总之，应当让政府、科研机构及其他公众充分了解中国生物多样性保护所涉及的科学信息。生物多样性保护中出现的问题是动态变化的，科研机构不能永远保持与管理者遇到的问题同步。加上科学研究成果还有漫长的发表期，这加剧了研究的滞后性。信息共享平台可以为科学家、决策者和其他利益相关群体提供实时的信息共享、交流合作的渠道，同时还可以为大众提供科普平台。

再次，开展由政府相关管理机构主导的生物多样性保护项目。科学研究在很大程度上被人们想发现事物本质的渴望所推动。因此，开展由政府相关管理机构主导的生物多样性保护项目，可以保证科学研究的内容是符合政府决策的。

最后，加深参与主体对公众科学的认知是实现公众科学机制的基础条件。

三、生物多样性保护公众参与的协议保护机制

（一）基本概念

协议保护机制（Conservation Concession Agreement，CCA）是在特许权的基础上发展起来的一种生态保护与自然资源开发利用的契约关系。所谓特许权，就是资源所有权或管理部门把某区域内特定资源的管理权利让渡给企业、社会团体或者个人，允许他们在资源管理目标下从事相关的商业活动，并从商业收入或利润中支取一定比例的费用用于购买资源所有权或缴纳给管理部门。协议保护机制通过资源的保护方与使用方签署以保护为目的，兼顾开发利用的合作协议，吸纳公民参与生态保护。协议保护机制通过明确和平衡"资源开发、社区发展与生态保护"中政府、企业、社区及个人之间的责、权、利关系，实现保护与发展兼顾的可持续目标。

协议保护机制包括以下五个要素：

第一，特许保护权，是指某特定区域的自然资源所有方拥有的以保护为目的的资源管理权利。

第二，付费，是指保护方向资源所有方购买特许保护权的费用。保护方按照协议支付费用，购买一定区域内自然资源的保护权，以替代以前的资源开发权。

第三，保护资金，是指可以用于协议保护机制的资金来源。其一般包括政府转移支付的资金、企业生态补偿资金，以及来自国际的环保项目资助、国际碳融资等。

第四，保护期限，是指协议规定的保护时间范围。协议保护机制的保护期限长短取决于保护经费或者协议保护项目经费的多少。

第五，监测，分为保护效果的监测和项目资金使用管理的监督。保护效果的监测主要对协议保护区域的生物多样性和生态状况的变化进行报告，其重要功能是对保护的指标和标准体系提出要求。

协议保护机制适用于对森林、草原、海洋等不同生态系统的保护，根据不同区域的经济、政治、文化特点，政府、企业、非政府组织和社区居民可能作为协议的甲方或乙方参与保护行动。协议保护机制是促进生物多样性保护公众参与的有效机制。

协议保护机制项目的主体包括共同管理模式下的倡导者、支持者和实施者。政府和社会组织是倡导者和支持者，其主要职责是选择和确定项目，规定目标和任务，提供与项目有关的资金、物资和技术服务。社区居民作为实施者，与政府和社会组织共同参与项目计划。倡导者和支持者对协议保护机制项目的进展情况进行指导、服务和监督；支持者对协议保护机制项目的实施情况进行监测和评估。

具体做法上，协议保护机制项目是由国家部门及其他同意保护自然生态环境的投资方（甲方）以协议的形式鼓励保护者或当地的社区居民（乙方）实施保护行为，并依据行为成效而获得补偿或回报的生态补偿模式。协议保护机制项目的操作流程包括选点、可行性

分析、缔约、设计协议、协议协商、实施、监测、再协商、项目扩展及形成可持续机制。

（二）协议保护机制对公众参与生物多样性保护的推动

协议保护机制是保护区的管理部门、林业部门等政府机构将生态资源的管理权、保护权等让渡给当地的社区居民，以生态补偿等方式激励居民保护资源，且通过签订协议规定双方的权利和义务，由国际组织提供资助，科研机构、民间环境保护组织、企业等多方参与的新型生态资源保护模式。其与传统保护模式最大的区别是有多个利益相关群体共同参与生态环境的治理，目的是推动社区和社会多方力量参与生态资源保护，提高参与者保护资源的能力，使整体保护效能最大化，从而推动经济、社会、自然资源和环境的和谐共处与可持续发展。

经过探索和实践发现，由政府、企业、社区、个人和非政府组织构成一个利益相关群体，是解决全球自然资源保护与经济发展造成的开发利用之间矛盾的有效途径；其可以充分根据利益相关方所具有的资源和优势，保护生态系统，培育生态功能。在协议保护机制下，利益相关群体是参与主体，其以生态资源保护为目的和纽带，在吸纳非政府组织和农村社区参与的基础上，通过积极协同、有序参与、互惠互利的网络化互动合作方式使整体的保护效能得到最大限度发挥。从长远来看，协议保护机制开辟了一条新途径来吸引社会力量参与生态资源保护，并促进各种社会资源和资金的投入，这在缓解政府的生态保护职能压力的同时产生了效益的扩大化，即溢出效能。

1. 企业参与

企业常常扮演自然资源直接开发方的角色。企业从环境系统获取物质资料和能源等生产要素，在生产过程中往往对环境系统产生负效应，乃至对消费群体以及子孙后代产生负效应。这种负效应不仅指生产过程中的温室气体和污染物排放，还包括对生态系统和生物多样性造成长期的负面影响。因此，全球生态文明治理制度要求企业为这种负效应买单。企业消除外部负效应的方式有两种：一种是企业自己控制排放或者承担生态恢复责任；另一种是企业缴纳环境税，由政府统一组织进行环境治理。彻底消除环境破坏，把负效应全部内部化还不可能实现，但企业拿出部分利润来承担生态保护费用，购买特许保护权是合理和可行的。

2. 政府参与

政府作为一个独立的利益相关群体，要依据国家环境保护方面的法律法规和政策管理协议保护区的自然资源和社会资源，并拥有对当地发展的决策权。生态环境提供着生命支持系统，是维持人类生存发展的基础。在对生态环境的价值评估当中，环境服务经常被视作公共物品来对待，这意味着环境产品需要由政府相关部门提供。许多情况下，环境产品由于消费的非排他性和稀缺性，在消费过程中会出现哈丁的"公地的悲剧"，当所有的个体都从利益的最大化出发消费环境产品时，就会自食生态退化的恶果。政府解决生态环境问题的方法通常有两种：一种是通过法律法规和政策约束环境破坏行为。但是这些法律法规和政策的执行及监督成本相对较高，并且多数情况下很难实施。另一种是通过税收等经济手段，控制和引导经济发展。这种方法可以平衡由于过度发展带来的环境破坏。

在协议保护机制项目实施过程中，政府放权给当地的社区居民或者其他保护群体，让其他利益相关群体能真正参与到项目当中来；政府与其他利益相关群体通过平等协商，制订并实施协议保护规划，使当地生态环境得到改善，实现可持续发展。

3. 社区参与

森林、土地等自然资源是社区居民世代赖以生存的基础，社区养护着生态资源，却遭受着经济体系中最不公平的待遇——全社会都在无偿消费生态产品。然而，也存在森林中的社区居民只拥有 47% 的法律赋予的管理森林的权利，他们大多是经济条件相对较差的人群。由于法令的限制，社区居民失去了很多利用这些自然资源的权利，还要承受经济开发的负面影响。如：企业在开发水电、矿产等资源的过程中，会导致出现社区土壤退化、耕地受损、水质下降、空气污染、农产品减产和生活质量下降等问题。因此，社区居民理应通过参与协议保护机制项目获得收益。

协议保护机制项目的全过程应注重"平等协商、共同决策"。社区居民不仅是协议保护机制项目的参与者和受益者，而且也是管理者和决策者。在协议保护机制的理念下，社区居民要参与项目的社区基本情况调查、问题分析、规划设计、项目实施、评估等全过程，可以说，社区居民参与项目的积极性及主人翁意识是项目得以顺利实施的保障。社区居民的作用应及时得到肯定和支持，这样可以激发他们参与的积极性，使专家引导下的具体活动也得以顺利进行。

通过参与协议保护机制项目的全过程，社区居民可以提高对当地环境现状的认识，加强自身的思维、分析、表达的能力，同时巩固社区的凝聚力，这样就直接促进了生物多样性保护的公众参与。

4. 非政府组织参与

非政府组织参与协议保护机制项目，通常会无偿开展生态环境保护活动，对公众进行生物多样性知识宣传和教育，推动生物多样性保护领域的公众参与活动的开展。非政府组织会为生物多样性保护项目提供资助、进行生物多样性的研究工作等，同时，为实现政府与其他利益相关群体的良性沟通发挥不可替代的作用。

5. 科研机构参与

科研机构参与到协议保护机制项目中，目的是调查、分析生态环境恶化的原因，帮助保护区居民认识到生态环境保护和当地经济发展的相关性及实现可持续发展的重要性，并制订项目实施方案，监督各个参与方是否积极配合参与项目的实施。

第五章　自然保护区的设置及管理

第一节　自然保护区发展

一、自然保护区发展概况

（一）国际

19世纪初，资本主义社会的发展对自然环境造成了严重的破坏和影响，野生动植物濒临灭绝，生态系统变得十分脆弱，国际上保护自然的呼声也越来越强。为保护自然环境和自然资源，19世纪70年代，美国率先建立了世界上第一个国家公园——黄石公园，标志着大面积、隔离式、采用政府直接介入的集权式管理方式的现代保护地正式建立。此后，全球保护地数量不断增加，保护地的建立原因也更加丰富多样，包括物种、栖息地、流域保护、科研、教育等。

为了进一步规范保护地管理，便于各国之间信息交流，世界自然保护地委员会（World Commission on Protected Areas，WCPA）组织编制了第一版保护地国际类别体系，提出了科研保护区/严格的自然保护区、受管理的自然保护区/野生生物禁猎区、生物圈保护区、国家公园与省立公园、自然纪念地/自然景观地、保护性景观、世界自然历史遗产保护地、自然资源保护区、人类学保护区、多种经营管理区/资源经营管理区10个类别保护地。该体系公布以后，经过一段较长时间的评估与修正。

保护地被定义为通过法律及其他有效手段进行管理，特别用以保护和维护生物多样性和自然及相关文化资源的陆地或海洋。根据保护地主要管理目标，将保护地分为严格的自然保护区（Ⅰa）、原野保护地（Ⅰb）、国家公园（Ⅱ）、自然纪念物（Ⅲ）、栖息地/物种管理地（Ⅳ）、陆地/海洋景观保护地（Ⅴ）6个类别。其中，严格的自然保护区（Ⅰa）是我国自然保护区的雏形。

在保护地发展初期，人们认为自然保护区一旦建立起来就不允许动一草一木，对自然保护区内自然资源、生物种类及生态系统实行封闭式的保护。这种封闭式的保护方式，改变了自然资源的开发利用模式，削弱了当地经济发展和居民生产生活等对自然资源"粗放式"利用的依赖性，对依赖自然资源利用的区域经济发展和居民生产生活产生了直接影响。随着经济发展、人口增长及其对自然资源需求的增加，自然资源利用与保护之间的矛盾更加突出。为缓解区域发展、居民生产生活与自然资源保护之间的矛盾，联合国教科文组织

（UNESCO）建议为生物圈保护区建立缓冲区，提出"核心区、缓冲区、过渡区"的保护地"三分区"模式。此后，这种保护地"三分区"模式作为自然保护区功能区划分的雏形，在自然保护区功能区划中逐渐得到广泛应用并不断完善和发展。

（二）国内

我国自然保护区建设始于 20 世纪中期。自 20 世纪 80 年代初我国部分自然保护区被批准纳入联合国教科文组织世界生物圈保护区网络以来，生物圈保护区理论逐渐被接受，并被广泛应用于自然保护区建设和管理。在此基础上，结合国情，我国开展了自然保护区功能区划，将自然保护区分为核心区、缓冲区和实验区。《中华人民共和国自然保护区条例》也对自然保护区核心区、缓冲区、实验区做出了明确规定。其中，自然保护区内保存完好的天然状态的生态系统及珍稀、濒危动植物的集中分布地，应当划为核心区；核心区外围可以划定一定面积的缓冲区；缓冲区外围划为实验区；必要时可以在自然保护区的外围划定一定面积的外围保护地带。我国自然保护区数呈日益增多，类型不断丰富，逐步形成了相对完整的自然保护区网络体系。

二、自然保护区分类分级

（一）自然保护区分类

1. 自然生态系统类自然保护区

自然生态系统类自然保护区是指以具有一定代表性、典型性和完整性的生物群落和非生物环境共同组成的生态系统为主要保护对象的自然保护区，分为森林生态系统类型自然保护区、草原与草甸生态系统类型自然保护区、荒漠生态系统类型自然保护区、内陆湿地和水域生态系统类型自然保护区、海洋和海岸生态系统类型自然保护区五个类型。

2. 野生生物类自然保护区

野生生物类自然保护区是指以野生生物物种，尤其是珍稀濒危物种种群及其自然生境为主要保护对象的自然保护区，分为野生动物类型自然保护区、野生植物类型自然保护区两个类型。

3. 自然遗迹类自然保护区

自然遗迹类自然保护区是指以特殊意义的地质遗迹和古生物遗迹等为主要保护对象的自然保护区，分为地质遗迹类型自然保护区、古生物遗迹类型自然保护区两个类型。

（二）自然保护区分级

《自然保护区类型与级别划分原则》将自然保护区划分为国家级、省（自治区、直辖市）

级、市（自治州）级和县（自治县、旗、县级市）级四级。

国家级自然保护区是指在全国或全球具有极高的科学、文化和经济价值，并经国务院批准建立的自然保护区；省（自治区、直辖市）级自然保护区是指在本辖区或所属生物地理省内具有较高的科学、文化和经济价值及休息、娱乐、观赏价值，并经省级人民政府批准建立的自然保护区；市（自治州）级和县（自治县、旗、县级市）级自然保护区是指在本辖区或本地区内具有较为重要的科学、文化、经济、娱乐、休息、观赏价值，并经同级人民政府批准建立的自然保护区。

三、自然保护区建立条件

《中华人民共和国自然保护区条例》明确了自然保护区的建设要求，并规定凡具有下列条件之一的应当建立自然保护区：第一，典型的自然地理区域、有代表性的自然生态系统区域及已经遭受破坏但经保护能够恢复的同类自然生态系统区域；第二，珍稀、濒危野生动植物物种的天然集中分布区域；第三，具有特殊保护价值的海域、海岸、岛屿、湿地、内陆水域、森林、草原和荒漠；第四，具有重大科学文化价值的地质构造、著名溶洞、化石分布区、冰川、火山、温泉等自然遗迹；第五，经国务院或者省、自治区、直辖市人民政府批准，需要予以特殊保护的其他自然区域。同时，《自然保护区类型与级别划分原则》按照自然保护区类型、级别，确定了自然保护区必须具备的条件。

（一）自然生态系统类自然保护区

从生态系统的代表性和典型性、生物群落或生境类型的稀有性、生物多样性、生态系统的自然性，以及生态系统的完整性等方面，《自然保护区类型与级别划分原则》明确了对国家级、省（自治区、直辖市）级、市（自治州）级和县（自治县、旗、县级市）级自然保护区必须具备条件的要求。此外，省（自治区、直辖市）级、市（自治州）级和县（自治县、旗、县级市）级自然保护区必须具备的条件分别包括对促进经济发展和生态环境保护具有重大意义、对促进自然资源持续利用和改善生态环境具有重要作用。

（二）野生生物类自然保护区

《自然保护区类型与级别划分原则》从野生生物物种的分布区、生境的自然性、保护区面积等方面，明确了各级野生生物类自然保护区必须具备的条件。

在野生生物类自然保护区必须具备的条件中，野生生物物种的分布区主要包括国家重点保护野生动植物的集中分布区、主要分布区、一般分布区，以及省级重点保护野生动植物的集中分布区、主要分布区。对于生境的自然性，国家级、省（自治区、直辖市）级自然保护区分别要求生境维持良好的、较好的自然状态；市（自治州）级和县（自治县、旗、县级市）级自然保护区要求生境维持在一定的自然状态，尚未受到严重的人为破坏。对于保护区面积，国家级、省（自治区、直辖市）级自然保护区分别要求足以、能够维持其保护物种种群的生存和繁衍，市（自治州）级和县（自治县、旗、县级市）级自然保护区要求至少能维持保护物种现有的种群规模，同时，国家级自然保护区也明确要求具备相应面积的缓冲区。

（三）自然遗迹类自然保护区

根据《自然保护区类型与级别划分原则》，自然遗迹类自然保护区必须具备的条件包括遗迹的典型性、代表性、稀有性、自然性及完整性。

对于遗迹的典型性、代表性、稀有性，国家级自然保护区要求其遗迹在国内外同类自然遗迹中具有典型性和代表性，在国际上稀有、在国内仅有；省（自治区、直辖市）级自然保护区要求其遗迹在本辖区内外同类自然遗迹中具有典型性和代表性，在国内稀有、在本辖区仅有；市（自治州）级和县（自治县、旗、县级市）级自然保护区要求其遗迹在本地区具有一定的代表性和典型性，在本地区尚属稀有或仅有。对于遗迹的自然性，国家级自然保护区要求其遗迹保持良好的自然性，受人为影响很小；省（自治区、直辖市）级自然保护区要求其遗迹尚保持较好的自然性，受人为破坏较小；市（自治州）级和县（自治县、旗、县级市）级自然保护区要求其遗迹虽遭人为破坏，但破坏不大。对于遗迹的完整性，国家级自然保护区要求遗迹保存完整，遗迹周围具有相当面积的缓冲区；省（自治区、直辖市）级自然保护区要求遗迹基本保存完整，保护区面积尚能保持其完整性；市（自治州）级和县（自治县、旗、县级市）级自然保护区要求其遗迹尚可维持在现有水平。

四、自然保护区功能定位

功能是指事物或方法所发挥的有利作用、效能。自然保护区的功能主要是指自然保护区所能提供的所有产品及服务。学术界针对自然保护区的功能开展了大量研究，将自然保护区的主要功能概括为生态功能、教育功能、科研功能、经济功能、文化和精神功能、社会保障功能、其他功能七类。

（一）生态功能

生态功能是指自然保护区维持生态过程、物种多样性和基因演变的功能。该功能是形成生态系统服务的基础，包括保护物种的基因多样性、保护植物和动物种群典型样本、保护国家主要生态系统类型的范例等。

（二）教育功能

教育功能是指能够促进人们更深刻地理解人与自然的关系，普及自然科学知识，以及作为生态学、生物学、地理学、地质学等学科的教学基地等方面的功能，包括提升人们对人与自然和谐共生关系的认识、对自然和祖国的热爱之情等。

（三）科研功能

科研功能是指自然保护区作为野生动植物物种、生态系统、生物多样性及对外界环境变化和干扰的响应等相关科学研究的"天然实验室"，包括为生态环境相关科学研究提供野外"天然实验室"、为生态环境相关调查和监测等提供本底值等。

（四）经济功能

经济功能是指维护或增进生态系统服务功能、生态产品供给能力及其作为生态旅游地创造效益等功能，包括通过保护并适当利用自然资源、发展生态旅游获得经济收入等。

（五）文化和精神功能

文化和精神功能是指为人们提供享受自然、锻炼体魄及作为艺术家、诗人、音乐家、作家、雕塑家等激发灵感的源泉等功能，包括保护并合理利用文化及考古学的资源，强化文化内涵、提高遗产价值等。

（六）社会保障功能

社会保障功能是指对当地及周边地区经济发展和居民健康提供社会保障等方面的功能。

第二节　自然保护区建设

一、总体概况

自建立第一批自然保护区以来，我国自然保护区数量和面积快速增加，初步形成了全国自然保护区网络体系。

在各级各类自然保护区内，分布有 300 多种国家重点保护野生动物和 130 多种国家重点保护野生植物，以及约 2000 万 hm² 天然湿地和 3500 多万 hm² 天然林。总体上，自然保护区范围内保护着 90.5% 的陆地生态系统类型、85% 的野生动植物种类和 65% 的高等植物群落。

经过 70 多年的发展，我国已基本形成了布局较为合理、类型较为齐全、功能较为完备的自然保护区网络，成为生态保护和建设的核心载体，在保护生物多样性、维护生态平衡和推动生态建设等方面发挥了巨大作用。自然保护区建设过程中，不仅积累了丰富的经验，自然保护区管理法规体系、各类自然保护区的管理制度和技术体系也不断得到完善。

二、主要类型和主管部门

（一）主要类型

按照自然保护区类型划分原则，我国自然保护区分为森林生态系统类型、草原与草甸生态系统类型、荒漠生态系统类型、内陆湿地和水域生态系统类型、海洋和海岸生态系统类型、野生动物类型、野生植物类型、地质遗迹类型、古生物遗迹类型九个类型。

从自然保护区数量看，森林生态系统类型数量最多，占全国自然保护区总数的52.15%；其次是野生动物类型、内陆湿地和水域生态系统类型、野生植物类型，分别占全国自然保护区总数的19.13%、13.85%、5.49%；地质遗迹类型、海洋和海岸生态系统类型、草原与草甸生态系统类型、古生物遗迹类型、荒漠生态系统类型自然保护区数量相对较少，占比分别为3.09%、2.47%、1.49%、1.20%、1.13%。

从自然保护区面积看，荒漠生态系统类型面积最大，占全国自然保护区总面积的27.36%；其次是野生动物类型、森林生态系统类型、内陆湿地和水域生态系统类型，分别占全国自然保护区总面积的26.30%、21.60%和20.90%；野生植物类型、草原与草甸生态系统类型、地质遗迹类型、海洋和海岸生态系统类型、古生物遗迹类型面积相对较小，分别占全国自然保护区总面积的1.19%、1.12%、0.66%、0.50%和0.37%。

（二）主管部门

根据《中华人民共和国自然保护区条例》，国家对自然保护区实行综合管理与分部门管理相结合的管理体制。国务院环境保护行政主管部门负责全国自然保护区的综合管理。国务院林业、农业、地质矿产、水利、海洋等有关行政主管部门在各自的职责范围内，主管有关的自然保护区。

从自然保护区数量看，林业部门主管的自然保护区数量最多，占全国自然保护区总数的75.24%；其次是环保部门和农业部门，其主管的自然保护区数量分别占全国自然保护区总数的8.22%和6.51%；国土、海洋、水利、住建等部门主管的自然保护区数量相对较少，其主管的自然保护区数量分别占全国自然保护区总数的2.80%、1.75%、1.20%、0.32%。

三、地域分布

受自然地理条件、资源环境条件、社会经济发展等因素影响，自然保护区分布具有显著的地域差异，各省（自治区、直辖市）建立的自然保护区数量存在较大差异。

从自然保护区数量看，广东省建立的自然保护区数量最多；其次是黑龙江省和江西省；自然保护区数量中等的有内蒙古自治区、四川省、云南省、湖南省、贵州省、安徽省、辽宁省。其他省（自治区、直辖市）按照自然保护区数量由多到少依次为福建省、山东省、湖北省、广西壮族自治区、陕西省、甘肃省、重庆市、吉林省、海南省、西藏自治区、山西省、河北省、浙江省、河南省、新疆维吾尔自治区、江苏省、北京市、宁夏回族自治区、青海省、天津市、上海市。

第三节　自然保护区管理

一、自然保护区管理特点

（一）减轻和规避当地经济建设和居民生产、生活等人类活动对保护对象的干扰是当前自然保护区建设和管理的重点

《中华人民共和国自然保护区条例》在总则中规定，建设和管理自然保护区应当妥善处理与当地经济建设和居民生产、生活的关系；在自然保护区的建设中规定，确定自然保护区的范围和界线，应当兼顾保护对象的完整性和适度性，以及当地经济建设和居民生产、生活的需要。

从《中华人民共和国自然保护区条例》可以看出，自然保护区的建设强调保护对象的完整性和适度性，减轻和规避当地经济建设和居民生产、生活等人类活动对保护对象的干扰是当前自然保护区建设和管理的重点。

（二）工程建设、区内存在建制镇或城市主城区等区域的人类活动干扰是目前自然保护区范围调整、功能区调整的主要原因

根据《国家级自然保护区调整管理规定》，申请进行调整的国家级自然保护区必须存在以下情况：①自然条件变化导致主要保护对象生存环境发生重大改变；②在批准建立之前区内存在建制镇或城市主城区等人口密集区，且不具备保护价值；③国家重大工程建设需要，国家重大工程包括国务院审批、核准的建设项目，列入国务院或国务院授权有关部门批准的规划且近期将开工建设的建设项目；④自然保护区一千二管理站确因所在地地名、主要保护对象发生重大变化的，可以申请更改名称。同时《国家级自然保护区调整管理规定》明确要求，调整国家级自然保护区原则上不得缩小核心区、缓冲区面积，应确保主要保护对象得到有效保护，不破坏生态系统和生态过程的完整性，不损害生物多样性，不得改变自然保护区性质。

根据部分国家级自然保护区申请调整的有关公示，目前，经国务院批准的国家级自然保护区调整申请所涉及的调整原因主要包括：①公路（包括国道、高速公路等）、铁路、油田（包括石化产业基地）等工程建设；②保护区内存在人口密集的建制镇、村庄及村民自留地、城市主城区、庙宇等人类活动剧烈的区域，以及历史遗留的人类活动干扰问题；③野生动物栖息地（生境）改变、强化对主要保护对象的保护等。其中，单纯因工程建设

或人口密集的建制镇或城市主城区等人类活动干扰进行范围调整、功能区调整的自然保护区占已批准调整的自然保护区总数的 40% 以上，90% 以上的自然保护区调整包括人类干扰以及强化对保护对象的保护等原因。就自然保护区调整实践而言，单纯因野生动物栖息地（生境）增加或改变的自然保护区调整非常少。

综上，从自然保护区调整的规定和实践看，尽管主要保护对象生存环境的改变被列为自然保护区调整的原因之一，但工程建设、区内存在人口密集的建制镇或城市主城区等人类活动干扰仍然是当前自然保护区范围调整、功能区调整的主要原因，单纯因保护对象生存环境改变进行自然保护区调整的案例仍然较少。

二、自然保护区管理新要求

根据《中华人民共和国自然保护区条例》，自然保护区分为核心区、缓冲区和实验区。其中，核心区采取全封闭式管理，禁止任何单位和个人进入；缓冲区只准进入从事科学研究观测活动，禁止在自然保护区的缓冲区开展旅游和生产经营活动；实验区可以进入从事科学试验、教学实习、参观考察、旅游及驯化、繁殖珍稀、濒危野生动植物等活动。因科学研究的需要，必须进入核心区从事科学研究观测、调查活动的，应当事先向自然保护区管理机构提交申请和活动计划，并经省级以上人民政府有关自然保护区行政主管部门批准；其中，进入国家级自然保护区核心区的，必须经省、自治区、直辖市人民政府有关自然保护区行政主管部门批准。在自然保护区的核心区和缓冲区内，不得建设任何生产设施。在自然保护区的实验区内，不得建设污染环境、破坏资源或者景观的生产设施；建设其他项目，其污染物排放不得超过国家和地方规定的污染物排放标准。在自然保护区的实验区内已经建成的设施，其污染物排放超过国家和地方规定的排放标准的，应当限期治理；造成损害的，必须采取补救措施。

自然保护区被列为禁止开发区域、生态保护红线的重要组成部分，实行严格的空间管控。并依据法律法规和相关规划实施强制性保护，严格控制人为因素对自然生态和文化自然遗产原真性、完整性的干扰，严禁不符合主体功能定位的各类开发活动，引导人口逐步有序转移，实现污染物零排放，提高环境质量。

随着生态文明建设战略的实施，自然保护区被纳入以国家公园为主体的自然保护地体系，为加快推进生态文明建设，建立以国家公园为主体的自然保护地体系。

总体上，自然保护区是依法划定的保护区域，是保护生物多样性、保障生态安全的重要区域。为进一步加强自然保护区管理，主体功能区战略从国土空间开发与保护的角度，按照开发方式将自然保护区列为禁止开发区域，依法实施强制性保护，禁止进行工业化、城镇化开发，同时与优化开发区域、重点开发区域、限制开发区域相结合，旨在推进形成人口、经济和资源环境相协调的国土空间开发格局，有助于防控人类活动在空间布局上对自然保护区的不利影响；生态保护红线将自然保护区作为重要组成部分，使得自然保护区成为保障和维护国家生态安全的底线和生命线，必须强制性严格保护。此外，以国家公园为主体的自然保护地体系也将自然保护区作为主要组成部分，并将自然保护区作为自然保护地分类系统的基础，整合交叉重叠的自然保护地，归并优化相邻自然保护地，为解决自然保护区建设和管理中存在的重叠设置、多头管理等问题提供了契机。

第四节　山东黄河三角洲国家级自然保护区设置的目的和意义

一、黄河三角洲水文特征

黄河东营段上起滨州界，自西南向东北贯穿东营市全境，在垦利区东北部注入渤海，全长138千米，提供了丰富的客水资源，由于自然和人为的影响，进入黄河三角洲的水径流量有减少的趋势。黄河水径流量年际变化大，年内分配不均，含沙量大。

（一）黄河尾闾变化

黄河三角洲是由黄河填海造陆而形成的。由于黄河含沙量高，年输沙量大，河口海域浅，黄河泥沙在河口附近大量淤积，填海造陆速度很快，使河道不断向海内延伸，河口侵蚀基准面不断抬高，河床逐年上升，河道比降变缓，泄洪排沙能力逐年降低，当淤积发生到一定程度时则发生尾闾改道，另寻他径入海。平均每10年左右黄河尾闾有一次较大改道。黄河入海流路按照淤积→延伸→抬高→摆动→改道的规律不断演变，使黄河三角洲陆地面积不断扩大，海岸线不断向海推进，逐渐淤积形成近代黄河三角洲。

（二）黄河调水调沙

在调水调沙期间，黄河平均流量和平均水位明显高于其年平均流量和年平均水位。黄河河道水位变化受多种因素的影响。除了洪水自身的含沙量、流量等因素之外，河床的冲刷、淤积是影响水位高低（降低或升高）的主要因素，河床物质组成的变化、比降的调整都可能引起水位的大幅度变动。在调水调沙期间，黄河入海口地区河床不稳定的特点导致洪水的水位峰与流量峰一般不同步，多出现水位峰提前于流量峰的情况。

（三）黄河三角洲淤积与扩展

黄河口是一个弱潮强堆积性河口，海域水深小，海洋动力较弱，黄河泥沙来量大。黄河平均每年输入河口的泥沙中，除少量输往外海域外，大部分泥沙在河海交界区，因水流挟沙能力骤减，落淤而成拦门沙，并快速向海延伸，填海造陆。河口淤积延伸，尾闾河道比降变缓，溯源淤积抬高下游和尾闾河道，使尾闾河道泄洪排沙能力减弱。当尾闾延伸到一定长度后，不能适应泄洪排沙时，尾闾河道就出海摆动改道，接着河口尾闾又按淤积→延伸→摆动→改道顺序发展，使入海口不断更迭，海岸线向海域推进，造成辽阔的三角洲。

（四）黄河冰凌状况

黄河山东段河道呈西南—东北走向。冬季经常受寒潮侵袭，上、下河段平均气温相差3℃～4℃，且正负交替出现。河道流量一般在200～400米/秒。由于河道、气象、水文等自然条件的作用，几乎每年都有凌汛，且经常发生插凌、封河。

黄河下游因上、下河段气温差异，一般是先从河口地区封河，然后递次上延。据统计，在封河年份中，2/3以上年份在河口地区首封（西河口以下）。西河口以上窄河段因两岸险工坝头交错对峙，弯道较多，在流凌密度较大时，也可插凌封河。但首封地点一般在济南泺口以下。

（五）其他河流水文状况

自然保护区境内主要通海河道有刁口流路黄河故道、小岛河、人工河等，全为排水河道。刁口流路黄河故道总长59千米，自然保护区一千二管理站境内有三河和四河两条现在通海的黄河故道。四河在自然保护区境内长13千米，河内水由于受海潮的影响为咸淡水；三河在自然保护区内长11千米，主要受海潮的影响，水为咸水。小岛河位于自然保护区大汶流管理站南界，全长27.5千米，在自然保护区境内长2千米，为排水河道。人工河位于自然保护区黄河口管理站界内，全长8千米，是人工挖成的黄河入海分流河道，垂直于现行黄河河道，主要受潮水影响，借助潮水可进出小渔船。

二、设置目的

自然保护区是指为保护和保持生物多样性、自然和社会及文化资源而依法受到有效管理的一定的陆地和海洋区域，其功能是保护、发展、维护环境、游乐、研究及信息交流等。

三、设置意义

（一）自然保护区能为人类提供生态系统的天然"本底"

各类生态系统是生物与环境长期相互作用的产物，而生物资源是人类生存最基础的资源，更是社会经济可持续发展的战略资源。建立自然保护区最初的目的就是保护自然资源和自然环境，使自然生态系统能够协调发展，使野生动植物能正常生存、繁衍，使各种具有科学价值和历史意义的自然、历史遗迹和有益于人类的自然景观能保持本来的面目。

（二）开展科学研究和环境监测作用，发挥生态研究的天然实验室作用

自然保护区里保存有完整的生态系统、丰富的物种、生物群落及其赖以生存的环境，为进行各种有关生态学的研究提供了良好的基地，成为设立在大自然的天然实验室。自然保护区的长期性和天然性特点，为进行一些连续、系统的观测和研究，准确地掌握天然生

态系统中物种数量的变化、分布及其活动规律，以及进行自然环境长期演变的监测和珍稀物种的繁殖和驯化等方面的研究提供了有利条件。丰富的资源和独特的地理条件使自然保护区成为开展科学研究和环境监测的重要基地，也是实现自然保护区有效保护和合理利用的关键。

（三）生态服务功能作用

自然保护区由于保护了天然植被及其组成的生态系统，在改善环境、保持水土、涵养水源、维持生态平衡等方面发挥着重要作用。要维持大自然的生态平衡，仅靠少数几个自然保护区是远远不够的，但它却是自然保护综合网络中的一个重要环节。

（四）向公众进行有关自然和自然保护宣传教育的天然博物馆

在自然保护区内的生态旅游区域，通过精心设计的游览路线和视听工具，利用自然保护区这一天然大课堂，增加人们的生物、地理学等方面的知识。自然保护区内通常设有小型展览馆，通过模型、图片、录音、录像等设备，宣传有关自然和自然保护的知识，向人类展示大自然丰富多彩的生态系统，向公众揭示大自然的奥秘，也是人类体验与自然和谐共存的佳境。简单、生动、灵活多样的科普、环保知识宣传，使公众逐步认识到保护自然资源和自然环境、与大自然和谐共存的重要性，同时也使其认识到自然保护区建设的重要意义。

（五）保护生物多样性的作用

自然保护区内有多种多样的生物种群和自然群落，自然保护区的建立能使其顺利生存、繁衍、发展，并能发挥自然平衡功能。同时，自然保护区内还含有多种地貌、土壤、气候、水系及独特的人文地理景观单元，不仅保护了多样化的景观，而且保护了不同景观下的动植物，为经济、社会、生态和谐健康发展奠定了良好的基础。

（六）可持续利用资源的示范作用

自然保护区内有着丰富的野生动植物资源，有效保护自然资源是为了科学、合理、有序地对其利用。目前，自然保护区在生物制药、景观观赏、资源培育、生态旅游等方面发挥着示范作用。

（七）发挥交流与合作平台作用

国际上，不同国家建立的自然保护区通常在地理单元上或生物学上相互联系，许多迁徙物种在跨国保护区或相邻保护区内往返，为保护和管理迁徙物种，需要国与国、地区与地区之间联合行动。在国内，自然保护区管理部门通过与科研院校、自然保护组织、林缘社区民众和其他自然保护区开展交流与合作，共同参与建设、保护与管理自然保护区，共享科学研究成果和自然保护区网络的众多数据信息，更有利于促进自然保护区建设和发展。

第六章　现代林业的发展与实践

第一节　气候变化与现代林业

一、气候变化对林业的影响

（一）气候变化对森林生态系统的影响

1. 森林物候

随着全球气候的变化，各种植物的发芽、展叶、开花、叶变色、落叶等生物学特性，以及初霜、终霜、结冰、消融、初雪、终雪等水文现象也发生改变。气候变暖使中高纬度北部地区 20 世纪后半叶以来的春季提前到来，而秋季则延迟到来，植物的生长期延长了近两个星期。欧洲、北美及日本过去 30 ~ 50 年植物春季和夏季的展叶、开花平均提前了 1 ~ 3 天。欧亚大陆北部和北美洲北部的植被活力显著增长，生长期延长。中国东北、华北及长江下游地区春季平均温度上升，物候期提前；渭河平原及河南西部春季平均温度变化不明显，物候期也无明显变化趋势；西南地区东部、长江中游地区及华南地区春季平均温度下降，物候期推迟。

2. 森林生产力

气候变化后植物生长期延长，加上大气 CO_2 浓度升高形成的"施肥效应"，使得森林生态系统的生产力增加。气候变暖使得全球森林 NPP（Net Primary Productivity，净初级生产力）增长了约 6%。中国森林 NPP 的增加，部分原因是全国范围内生长期延长的结果。气温升高使寒带或亚高山森林生态系统 NPP 增加，但同时也提高了分解速率，从而降低了森林生态系统 NEP（Net Ecosystem Productivity，净生态系统生产力）。

未来气候变化通过改变森林的地理位置分布、提高生长速率，尤其是大气 CO_2 浓度升高所带来的正面效益，从而增加全球范围内的森林生产力。在未来气候变化条件下，由于 NPP 增加和森林向极地迁移，大多数森林群落的生产力均会增加。未来全球气候变化后，中国森林 NPP 地理分布格局不会发生显著变化，但森林生产力和产量会呈现出不同程度的增加。在热带、亚热带地区，森林生产力将增加 1% ~ 2%，暖温带将增加 2% 左右，温带将增加 5% ~ 6%，寒温带将增加 10%。尽管森林 NPP 可能会增加，但由于气候变化后病虫害的爆发和范围的扩大、森林火灾的频繁发生，森林固定生物量却不一定增加。

3. 森林的结构、组成和分布

过去数十年里，许多植物的分布都有向极地扩张的现象，而这很可能就是气温升高的结果。一些极地和苔原冻土带的植物都受到气候变化的影响，而且正在逐渐被树木和低矮灌木所取代。北半球一些山地生态系统的森林林线明显向更高海拔区域迁移。气候变化后的条件还有可能更适合于区域物种的入侵，从而导致森林生态系统的结构发生变化。在欧洲西北部、南美墨西哥等地区的森林，都发现有喜温植物入侵而原有物种逐步退化的现象。

受气候变化影响，在过去的几十年内，我国森林的分布也发生了较大变化。在气温升高的背景下，分布在大兴安岭的兴安落叶松和小兴安岭及东部山地的云杉、冷杉和红杉等树种的可能分布范围和最适分布范围均发生了北移。

未来气候有可能向暖湿变化，造成从南向北分布的各种类型森林带向北推进，水平分布范围扩展，山地森林垂直带谱向上移动。为了适应未来气温升高的变化，一些森林物种分布会向更高海拔的区域移动。但是气候变暖与森林分布范围的扩大并不同步，后者具有长达几十年的滞后期。未来我国东部森林带北移，温带常绿阔叶林面积扩大，较南的森林类型取代较北的类型，森林总面积增加。未来气候变化可能导致我国森林植被带的北移，尤其是落叶针叶林的面积减少很大，甚至可能移出我国境内。

4. 森林碳库

过去几十年大气 CO_2 浓度和气温升高导致森林生长期延长，加上氮沉降和营林措施的改变等因素，使森林年均固碳能力呈稳定增长趋势，森林固碳能力明显。气候变暖可能是促进森林生物量碳储量增长的主要因子。气候变化对全球陆地生态系统碳库的影响，会进一步对大气 CO_2 浓度水平产生压力。在 CO_2 浓度升高条件下，土壤有机碳库在短期内是增加的，整个土壤碳库储量会趋于饱和。

不过，森林碳储量净变化，是年间降雨量、温度、扰动格局等变量因素综合干扰的结果。由于极端天气事件和其他扰动事件的不断增加，土壤有机碳库及其稳定性存在较大的不确定性。在气候变化条件下，气候变率也会随之增加，从而增大区域碳吸收的年间变率。

（二）气候变化对森林火灾的影响

生态系统对气候变暖的敏感度不同，气候变化对森林可燃物和林火动态有显著影响。气候变化引起了动植物种群变化和植被组成或树种分布区域的变化，从而影响林火发生频率和火烧强度，林火动态的变化又会促进动植物种群改变。火烧对植被的影响取决于火烧频率和强度，严重火烧能引起灌木或草地替代树木群落，引起生态系统结构和功能的显著变化。虽然目前林火探测和扑救技术明显提高，但伴随着区域明显增温，北方林年均火烧面积呈增加趋势。极端干旱事件常常引起森林火灾大爆发。火烧频率增加可能抑制树木更新，有利于耐火树种和植被类型的发展。

温度升高和降水模式改变将增加干旱区的火险，火烧频度加大。气候变化还影响人类的活动区域，并影响到火源的分布。林火管理有多种方式，但完全排除火烧的森林防火战略在降低火险方面好像相对作用不大。火烧的驱动力、生态系统生产力、可燃物积累和环境火险条件都受气候变化的影响。积极的火灾扑救促进碳沉降，特别是腐殖质层和土壤，这对全球的碳沉降是非常重要的。

气候变化将增加一些极端天气事件与灾害的发生频率和量级。未来气候变化特点是气温升高、极端天气/气候事件增加和气候变率增大。天气变暖会引起雷击和雷击火的发生次数增加，防火期将延长。温度升高和降水模式的改变，提高了干旱性升高区域的火险。在气候变化情景下，美国大部分地区季节性火险升高10%。气候变化会引起火循环周期缩短，火灾频度的增加导致了灌木占主导地位的景观。最近的一些研究是通过气候模式与森林火险预测模型的耦合，预测未来气候变化情景下的森林火险变化。

降水和其他因素共同影响干旱期延长和植被类型变化，因为对未来降水模式的变化了解有限，与气候变化和林火相关的研究还存在很大不确定性。气候变化可能导致火烧频度增加，特别是降水量不增加或减少的地区。降水量的普遍适度增加会带来生产力的增加，也有利于产生更多的易燃细小可燃物。变化的温度和极端天气事件将影响火发生频率和模式，北方林对气候变化最为敏感。火烧频率、大小、强度、季节性、类型和严重性影响森林组成和生产力。

（三）气候变化对林业区划的影响

林业区划是促进林业发展和合理布局的一项重要基础性工作。林业生产的主体——森林受外界自然条件的制约，特别是气候、地貌、水文、土壤等自然条件对森林生长具有决定性意义。由于不同地区具有不同的自然环境条件，导致森林分布具有明显的地域差异性。林业区划的任务是根据林业分布的地域差异，划分林业的适宜区。其中以自然条件的异同为划分林业区界的基本依据。中国全国林业区划以气候带、大地貌单元和森林植被类型或大树种为主要标志；省级林业区划以地貌、水热条件和大林种为主要标志；县级林业区划以代表性林种和树种为主要标志。

未来气候增暖后，我国温度带的界线北移，寒温带的大部分地区可能达到中温带温度状况，中温带面积的1/2可能达到暖温带温度状况，暖温带的绝大部分地区可能达到北亚热带温度状况，而北亚热带可能达到中亚热带温度状况，中亚热带可能达到南亚热带温度状况，南亚热带可能达到边缘热带温度状况，边缘热带的大部分地区可能达到中热带温度状况，中热带的海南岛南端可能达到赤道带温度状况。

全球变暖后，我国干湿地区的划分仍为湿润至干旱四种区域，干湿区范围有所变化。总体来看，干湿区分布较气候变暖前的分布差异减小，分布趋于平缓，从而缓和了自东向西水分急剧减少的状况。

未来气候变化可能导致我国森林植被带北移，尤其是落叶针叶林的面积减少很大，甚至可能移出我国境内；温带落叶阔叶林面积扩大，较南的森林类型取代较北的类型；华北地区和东北辽河流域未来可能草原化；西部的沙漠和草原可能略有退缩，被草原和灌丛取代；高寒草甸的分布可能略有缩小，将被热带稀树草原和常绿针叶林取代。

我国目前极端干旱区、干旱区的总面积，占国土面积的 38.3%，且干旱和半干旱趋势十分严峻。温度上升 4℃时，干旱区范围扩大，而湿润区范围缩小，北方趋于干旱化。随着温室气体浓度的增加，各气候类型区的面积基本上均呈增加的趋势，其中，以极端干旱区和亚湿润干旱区增加的幅度最大，半干旱区次之，持续变干必将加大沙漠化程度。

（四）气候变化对林业重大工程的影响

气候增暖和干暖化，将对中国六大林业工程的建设产生重要影响，主要表现在植被恢复中的植被种类选择和技术措施、森林灾害控制、重要野生动植物和典型生态系统的保护措施等。中国天然林资源主要分布在长江、黄河源头地区或偏远地区，森林灾害预防和控制的基础设施薄弱，因此面临的林火和病虫灾害威胁可能增大。根据用 PRECIS 对中国未来气候情景的推测，气候变暖使中国现在的气候带在 2020 年、2050 年和 21 世纪末，分别向北移动 100 千米、200 千米和 350 千米左右，这将对中国野生动植物生境和生态系统带来很大影响。未来中国气温升高，特别是部分地区干暖化，将使现在退耕还林工程区内的宜林荒地和退耕地逐步转化为非宜林地和非宜林退耕地，部分荒山造林和退耕还林形成的森林植被有可能退化，形成功能低下的"小老树"林。三北和长江中下游地区等重点防护林建设工程的许多地区，属干旱半干旱气候区，水土流失严重，土层浅薄，土壤水分缺乏，历来是中国造林最困难的地区。未来气候增暖及干暖化趋势，将使这些地区的立地环境变得更为恶劣，造林更为困难。一些现在的宜林地可能须以灌草植被建设取代，特别是在森林—草原过渡区。

二、应对气候变化的林业实践

（一）清洁发展机制（CDM）与造林再造林

清洁发展机制（Clean Develop Mentmechanism，CDM）是发达国家与发展中国家之间的合作机制。其目的是帮助发展中国家实现可持续发展，同时帮助国家（主要是发达国家）实现减限排承诺。在该机制下，发达国家通过以技术和资金投入的方式与发展中国家合作，实施具有温室气体减排的项目，项目实现的可证实的温室气体减排量[核证减排量（Certified Emission Reduction，CERs）]，可用于缔约方承诺的温室气体减限排义务。CDM 被普遍认为是一种"双赢"机制。一方面，发展中国家缺少经济发展所需的资金和先进技术，经济发展常常以牺牲环境为代价，而通过这种项目级的合作，发展中国家可从发达国家获得资金和先进的技术，同时通过减少温室气体排放，降低经济发展对环境带来的不利影响，最终促进国内社会经济的可持续发展；另一方面，发达国家在本国实施温室气体减排的成本较高，对经济发展有很大的负面影响，而在发展中国家的减排成本要低得多，因此通过该机制，发达国家可以以远低于其国内所需的成本实现其减限排承诺，节约大量的资金，并减轻减限排对国内经济发展的压力，甚至还可将技术、产品甚至观念输入发展中国家。

CDM 可分为减排项目和汇项目。减排项目指通过项目活动有益于减少温室气体排放的项目，主要是在工业、能源等部门，通过提高能源利用效率、采用替代性或可更新能源来减少温室气体排放。提高能源利用效率包括如：高效的清洁燃煤技术、热电联产高耗能工业的工艺技术、工艺流程的节能改造、高效率低损耗电力输配系统、工业及民用燃煤锅炉窑炉、水泥工业过程减排二氧化碳的技术改造、工业终端通用节能技术等项目。替代性能源或可更新能源包括水力发电、煤矿煤层甲烷气的回收利用、垃圾填埋沼气回收利用、废弃能源的回收利用、生物质能的高效转化系统、集中供热和供气、大容量风力发电、太阳能发电等。由于这些减排项目通常技术含量高、成本也较高，属技术和资金密集型项目，对于技术落后、资金缺乏的发展中国家，不但可引入境外资金，而且由于发达国家和发展中国家能源技术上的巨大差距，从而可通过 CDM 项目大大提高本国的技术能力。在这方面对我国尤其有利，这也是 CDM 减排项目在我国受到普遍欢迎并被列入优先考虑的项目的原因。

汇项目指能够通过土地利用、土地利用变化和林业（LULUCF）项目活动增加陆地碳贮量的项目，如：造林、再造林、森林管理、植被恢复、农地管理、牧地管理等。

（二）非京都市场

为推动减排和碳汇活动的有效开展，近年来许多国家、地区和多边国际金融机构（世界银行）相继成立了碳基金。这些基金来自有温室气体排放的企业或者一些具有社会责任感的企业，由碳基金组织实施减排或增汇项目。在国际碳基金的资助下，通过发达国家内部、发达国家之间或者发达国家和发展中国家之间合作开展了减排和增汇项目。通过互相买卖碳信用指标，形成了碳交易市场。非京都规则的碳交易市场也十分活跃。这个市场被称为志愿市场。

志愿市场是指不为实现《京都议定书》规定目标而购买碳信用额度的市场主体（公司、政府、非政府组织、个人）之间进行的碳交易。这类项目并非寻求清洁发展机制的注册，项目所产生的碳信用额成为确认减排量（VERs）。购买者可以自愿购买清洁发展机制或非清洁发展机制项目的信用额。此外，国际碳汇市场还有被称为零售市场的交易活动。所谓零售市场，就是那些投资于碳信用项目的公司或组织，以较高的价格小批量出售减排量（碳信用指标）。当然零售商经营的也有清洁发展机制的项目即经核证的减排量（CERs）或减排单位（ERUs）。但是目前零售商向志愿市场出售的大部分仍未确定减排量。

作为发展中国家，虽然我国目前不承担减排义务，但是作为温室气体第二大排放国，建设资源节约型、环境友好型和低排放型社会，是我国展示负责任大国形象的具体行动，也符合中国长远的发展战略。因此，我国政府正在致力于为减少温室气体排放、缓解全球气候变暖进行不懈努力。这些努力既涉及节能降耗、发展新能源和可再生能源，也包括大力推进植树造林、保护森林和改善生态环境的一系列行动。企业参与减缓气候变化的行动，既可以通过实施降低能耗，提高能效，使用可再生能源等工业项目，又可以通过植树造林、保护森林的活动来实现。

而目前通过造林减排是最容易、成本最低的方法。因此，政府应出面创建一个平台，帮助企业以较低的成本来减排，同时这个平台也是企业志愿减排、体现企业社会责任的窗口。这个窗口的功能需要建立一个基金来实现。于是参照国际碳基金的运作模式和国际志愿市场实践经验，在中国建立了一个林业碳汇基金，命名为"中国绿色碳基金"（简称绿色碳基金），这是一个以营造林为主、专门生产林业碳汇的基金。该基金的建立，有望促进国内碳交易志愿市场的形成，进而推动中国乃至亚洲的碳汇贸易的发展。为方便运行，目前中国绿色碳基金作为一个专项设在中国绿化基金会。绿色碳基金由国家林业和草原局、中国绿化基金会及相关出资企业和机构组成中国绿色碳基金执行理事会，共同商议绿色碳基金的使用和管理；基金的具体管理由中国绿化基金会负责。国家林业和草原局负责组织碳汇造林项目的规划、实施及碳汇计量、监测并登记在相关企业的账户上，由国家林业和草原局定期发布。

（三）碳贸易实践

为了促进我国森林生态效益价值化，培育我国林业碳汇市场，争取更多的国际资金投入中国林业生态建设，同时了解实施清洁发展机制林业碳汇项目的全过程，培养我国的林业碳汇专家，国家林业和草原局碳汇管理办公室在广西、内蒙古、云南、四川、辽宁等省（自治区）启动了林业碳汇试点项目。其中，在广西和内蒙古最早按照京都规则实施了清洁发展机制的林业碳汇项目。

第二节　荒漠化防治与现代林业

一、我国荒漠化发展趋势

我国是世界上荒漠化和沙化面积大、分布广、危害重的国家之一，荒漠化不仅造成生态环境恶化和自然灾害，直接破坏人类的生存空间，而且造成巨大的经济损失，全国每年因荒漠化造成的直接经济损失高达640多亿元，严重的土地荒漠化、沙化威胁我国生态安全和经济社会的可持续发展，威胁中华民族的生存和发展。

我国在防治荒漠化和沙化方面取得了显著的成就。目前，我国荒漠化和沙化状况总体上有了明显改善，荒漠化和沙化整体扩展的趋势得到了有效的遏制。

我国荒漠化防治所取得的成绩是初步的和阶段性的。治理形成的植被刚进入恢复阶段，一年生草本植物比例还较大，植物群落的稳定性还比较差，生态状况还很脆弱，植物群落恢复到稳定状态还需要较长时间。沙化土地治理难度越来越大。沙区边治理边破坏的现象相当突出。全球气候变化对我国荒漠化产生重要影响，我国未来荒漠化生物气候类型区的面积仍会以相当大的比例扩展，区域内的干旱化程度也会进一步加剧。

二、我国荒漠化治理分区

我国地域辽阔，生态系统类型多样，社会经济状况差异大，根据实际情况，将全国荒漠化地区划分为五个典型治理区域。

（一）风沙灾害综合防治区

本区域包括东北西部、华北北部及西北大部干旱、半干旱地区。这一地区沙化土地面积大。由于自然条件恶劣，干旱多风，植被稀少，草地沙化严重，生态环境十分脆弱；农村燃料、饲料、肥料、木料缺乏，严重影响当地人民的生产和生活。生态环境建设的主攻方向是：在沙漠边缘地区、沙化草原、农牧交错带、沙化耕地、沙地及其他沙化土地，采取综合措施，保护和增加沙区林草植被，控制荒漠化扩大趋势。以三北风沙线为主干，以大中城市、厂矿、工程项目周围为重点，因地制宜兴修各种水利设施，推广旱作节水技术，禁止毁林毁草开荒，采取植物固沙、沙障固沙等各种有效措施，减轻风沙危害。对于沙化草原、农牧交错带的沙化耕地、条件较好的沙地及其他沙化土地，通过封沙育林育草、飞播造林种草、人工造林种草、退耕还林还草等措施，进行积极治理。因地制宜，积极发展沙产业。

（二）黄土高原重点水土流失治理区

本区域包括陕西北部、山西西北部、内蒙古中南部、甘肃东部、青海东部及宁夏南部黄土丘陵区，总面积30多万平方千米，是世界上面积最大的黄土覆盖地区，气候干旱，植被稀疏，水土流失十分严重，水土流失面积约占总面积的70%，是黄河泥沙的主要来源地。这一地区土地和光热资源丰富，但水资源缺乏，农业生产结构单一，广种薄收，产量长期低而不稳，群众生活困难，贫困人口量多面广。加快这一区域生态环境治理，不仅可以解决农村贫困问题，改善生存和发展环境，而且对治理黄河至关重要。生态环境建设的主攻方向是：以小流域为治理单元，以县为基本单位，以修建水平梯田和沟坝地等基本农田为突破口，综合运用工程措施、生物措施和耕作措施治理水土流失，尽可能做到泥不出沟。陡坡地退耕还草还林，实行草、灌木、乔木结合，恢复和增加植被。在对黄河危害最大的砒砂岩地区大力营造沙棘水土保持林，减少粗沙流失危害。大力发展雨水集流节水灌溉，推广普及旱作农业技术，提高农产品产量，稳定解决温饱问题。积极发展林果业、畜牧业和农副产品加工业，帮助农民脱贫致富。

（三）北方退化天然草原恢复治理区

我国草原分布广阔，总面积约270万公顷，占国土面积的1/4以上，主要分布在内蒙古、新疆、青海、四川、甘肃、西藏等地区，是我国生态环境的重要屏障。长期以来，受人口增长、气候干旱和鼠虫灾害的影响，特别是超载过牧和滥垦乱挖，使江河水系源头和上中游地区的草地退化加剧，有些地方已无草可用、无牧可放。生态环境建设的主攻方向是：保护好现有林草植被，大力开展人工种草和改良草场（种），配套建设水利设施和草地防护林网，加强草原鼠虫灾防治，提高草场的载畜能力。禁止草原开荒种地。实行围栏、封育和轮牧，建设"草库伦"，搞好草畜产品加工配套。

（四）青藏高原荒漠化防治区

青藏高原绝大部分是海拔3000m以上的高寒地带，土壤侵蚀以冻融侵蚀为主。人口稀少，牧场广阔，其东部及东南部有大片林区，自然生态系统保存较为完整，但天然植被一旦破坏将难以恢复。生态环境建设的主攻方向是：以保护现有的自然生态系统为主，加强天然草场，长江、黄河源头水源涵养林和原始森林的保护，防止不合理开发。其中分为两个亚区，即高寒冻融封禁保护区和高寒沙化土地治理区。

（五）西南岩溶地区石漠化治理区

主要以金沙江、嘉陵江流域上游干热河谷和岷江上游干旱河谷，川西地区、三峡库区、乌江石灰岩地区、黔桂滇岩溶地区热带—亚热带石漠化治理为重点，加大生态保护和建设力度。

三、荒漠化防治对策

荒漠化防治是一项长期、艰巨的国土整治和生态环境建设工作，需要从制度、政策、机制、法律、科技、监督等方面采取有效措施，处理好资源、人口、环境之间的关系，促进荒漠化防治工作的健康发展。应认真实施《全国防沙治沙规划》，落实规划任务，制定年度目标，定期监督检查，确保取得实效。抓好防沙治沙重点工程，落实工程建设责任制，健全标准体系，狠抓工程质量，严格资金管理，搞好检查验收，加强成果管护，确保工程稳步推进。创新体制机制。实行轻税薄费的税赋政策，权属明确的土地使用政策，"谁投资、谁治理、谁受益"的利益分配政策，调动全社会的积极性。强化依法治沙，加大执法力度，提高执法水平，推行禁垦、禁牧、禁樵措施，制止"边治理、边破坏"现象，建立沙化土地封禁保护区。依靠科技进步，推广和应用防沙治沙实用技术和模式，加强技术培训和示范工作，增加科技含量，提高建设质量。建设防沙治沙综合示范区，探索防沙治沙政策措施、技术模式和管理体制，以点带片，以片促面，构建防沙治沙从点状拉动到组团式发展的新格局。健全荒漠化监测和预警体系，加强监测机构和队伍建设，健全和完善荒漠化监测体系，实施重点工程跟踪监测，科学评价建设效果。发挥各相关部门的作用，齐抓共管，共同推进防沙治沙工作。

（一）加大荒漠化防治科技支撑力度

1. 科学规划，周密设计

科学地确定林种和草种结构，宜乔则乔，宜灌则灌，宜草则草，乔灌草合理配置，生物措施、工程措施和农艺措施有机结合。大力推广和应用先进科技成果和实用技术。根据不同类型区的特点有针对性地对科技成果进行组装配套，着重推广应用抗逆性强的植物良种、先进实用的综合防治技术和模式，逐步建立起一批高水平的科学防治示范基地，辐射和带动现有科技成果的推广和应用，促进科技成果的转化。

2. 加强荒漠化防治的科技攻关研究

荒漠化防治周期长，难度大，还存在着一系列亟待研究和解决的重大科技课题。如：荒漠化控制与治理、沙化退化地区植被恢复与重建等关键技术；森林生态群落的稳定性规律；培育适宜荒漠化地区生长、抗逆性强的树木良种，加快我国林木良种更新，提高林木良种使用率，荒漠化地区水资源合理利用问题，保证生态系统的水分平衡；等等。

3. 大力推广和应用先进科技成果和实用技术

在长期的防治荒漠化实践中，我国广大科技工作者已经探索、研究出了上百项实用技术和治理模式，如：节水保水技术、风沙区造林技术、沙区飞播造林种草技术、封沙育林育草技术、防护林体系建设与结构模式配置技术、草场改良技术、病虫害防治技术、沙障加生物固沙技术、公路铁路防沙技术、小流域综合治理技术和盐碱地改良技术等，这些技术在我国荒漠化防治中已被广泛采用，并在实践中被证明是科学可行的。

（二）建立荒漠化监测和工程效益评价体系

荒漠化监测与效益评价是工程管理的一个重要环节，也是加强工程管理的重要手段，是编制规划、兑现政策、宏观决策的基础，是落实地方行政领导防沙治沙责任考核奖惩的主要依据。为了及时、准确、全面地了解和掌握荒漠化现状及治理成就及其生态防护效益，为荒漠化管理部门进行科学管理、科学决策提供依据，必须加强和完善荒漠化监测与效益评价体系建设，进一步提高荒漠化监测的灵敏性、科学性和可靠性。

加强全国沙化监测网络体系建设。在五次全国荒漠化、沙化监测的基础上，根据《防沙治沙法》的有关要求，要进一步加强和完善全国荒漠化、沙化监测网络体系建设，修订荒漠化监测的有关技术方案，逐步形成以面上宏观监测、敏感地区动态监测和典型类型区定位监测为内容的，以"3S"技术①结合地面调查为技术路线的，适合当前国情的比较完备的荒漠化监测网络体系。

建立沙尘暴灾害评估系统。利用最新的技术手段和方法，预报沙尘暴的发生，评估沙尘暴所造成的损失，为各级政府提供防灾减灾的对策和建议，具有十分重要的意义。近年来，国家林业和草原局在沙化土地监测的基础上，与气象部门合作，开展了沙尘暴灾害损失评估工作。应用遥感信息和地面站点的观测资料，结合沙尘暴影响区域内地表植被、土壤状况、作物面积和物候期、生长期、畜牧业情况及人口等基本情况，通过建立沙尘暴灾害经济损失评估模型，对沙尘暴造成的直接经济损失进行评估。今后，需要进一步修订完善灾害评估模型，以提高灾害评估的准确性和可靠度。

完善工程效益定位监测站（点）网建设。防治土地沙化重点工程，要在工程实施前完成工程区各种生态因子的普查和测定，并随着工程进展连续进行效益定位监测和评价。国家林业和草原局拟在各典型区建立工程效益监测站，利用"3S"技术，点面监测结合，对工程实施实时、动态监测，掌握工程进展情况，评价防沙治沙工程效益。工程监测与效益评价结果应分区、分级进行，在国家级的监测站下面，根据实际情况分级设立各级监测网点。

（三）完善管理体制，创新治理机制

我国北方的土地退化经过近半个世纪的研究和治理，荒漠化和沙化整体扩展的趋势得到初步遏制，但局部地区仍在扩展。基于我国的国情和沙情，我国土地荒漠化和沙化的总体形势仍然严峻，防沙治沙的任务仍然非常艰巨。要走出现实的困境，就必须完成制度安排的正向变迁，在产权得到保护和补偿制度建立的前提下，通过一系列的制度保证，将荒漠的公益性治理的运作机制转变为利益性治理，建立符合经济主体理性的激励相容机制，鼓励农牧民和企业参与治沙，从根本上解决荒漠化的贫困根源，使荒漠化地区经济、社会得到良性发展，实现社会、经济、环境三重效益的整体最大化。

1. 设立生态特区和封禁保护区

沙化土地封禁保护区是指在规划期内不具备治理条件的及因保护生态的需要不宜开发利用的连片沙化土地。加快对这些地区实施封禁保护，促进沙区生态环境的自然修复，减轻沙尘暴的危害，改善区域生态环境，是当前防沙治沙工作所面临的一项十分紧迫的任务。

主要采取的保护措施包括：一是停止一切导致这部分区域生态功能退化的开发活动和其他人为破坏活动；二是停止一切产生严重环境污染的工程项目建设；三是严格控制人口增长，区内人口已超过承载能力的应采取必要的移民措施；四是改变粗放生产经营方式，

---

① 指遥感 RS(Remote Sensing)、全球定位系统 GPS(Global Position System) 和地理信息系统 GIS(Geographic Information System) 的简称)

走生态经济型发展的道路，对已经破坏的重要生态系统，要结合生态环境建设措施，认真组织重建，尽快遏制生态环境恶化趋势；五是进行重大工程建设要经国务院指定的部门批准。沙化土地封禁保护区建设是一项新事物，目前仍处于起步阶段。特别是封禁保护的区域多位于边远地区、贫困地区和少数民族地区，如何妥善处理好封禁保护与地方经济社会发展的关系，保证其健康有序地推进，还没有可以借鉴的成熟模式和经验，还需要在实践过程中不断地探索和总结。封禁保护区建设涉及农、林、国土等不同的行业和部门，建设项目包括封禁保护区居民转移安置、配套设施建设、管理和管护队伍建设、宣传教育等，是一项工作难度大、综合性较强的系统工程。因此，研究制定切实可行的措施与保障机制，对于保证封禁保护区建设成效具有重要意义。

2. 创办专业化治沙生态林场

荒漠化地区"林场变农场，苗圃变农田，职工变农民"的现象比较普遍。近年来，在西北地区暴发的黄斑天牛、光肩星天牛虫害使多年来营造的大面积防护林毁于一旦，给农业生产带来严重损失，宁夏平原地区因天牛危害砍掉防护林使农业减产20%～30%，这种本可避免的损失与上述困境有直接的关系。

为了保证荒漠化治理工程建设的质量和投资效益，建议在国家、省、地、县组建生态工程承包公司，由农村股份合作林场、治沙站、国有林场及下岗人员参与国家和地方政府的荒漠化治理工程投标。所有生态工程建设项目实行招标制审批，合同制管理，公司制承包，股份制经营，滚动式发展机制，自主经营，自负盈亏，独立核算。

3. 出台荒漠化治理的优惠政策

我国先后颁布和制定过多项防沙治沙优惠政策，但大多数已不能适应新的形势发展。为了鼓励对荒漠化土地的治理与开发，新的优惠政策应包括四个方面：一是资金扶持。由于荒漠化地区治理、开发投资大，除工程建设投资和贴息贷款外，建议将中央农、林、牧、水、能源等各产业部门、扶贫、农业综合开发等资金捆在一起，统一使用，以加大治理和开发的力度和规模。二是贷款优惠。改进现行贴息办法，实行定向、定期、定率贴息。根据工程建设内容的不同实行不同的还贷期限，如：投资周期长的林果业，还贷期限以延长至8～15年为宜。简化贷款手续，改革现行贷款抵押办法，放宽贷款条件。三是落实权属。鼓励集体、社会团体、个人和外商承包治理和开发荒漠化土地，实行"谁治理、谁开发、谁受益"的政策，50～70年不变，允许继承、转让、拍卖、租赁等。四是税收减免。

4. 完善生态效益补偿制度

防治荒漠化工程的主体是生态工程，需要长期经营和维护，其回报则主要或全部是具有公益性质的生态效益。为了补偿生态公益经营者付出的投入，弥补工程建设经费的不足，合理调节生态公益经营者与社会受益者之间的利益关系，增强全社会的环境意识和责任感，在荒漠化地区应尽快建立和完善生态效益补偿制度。补偿内容包括三个方面：一是向防治荒漠化工程的生态受益单位和个人，征收一定比例的生态效益补偿金；二是使用治理修复的荒漠化土地的单位和个人必须缴纳补偿金；三是破坏生态者不仅要支付罚款和负责恢复生态，还要缴纳补偿金。收取的补偿金专项用于防治荒漠化工程建设，不得挪用，以保证工程建设持续、快速、健康地发展。

第三节 森林及湿地生物多样性保护

一、生物多样性保护的生态学理论

（一）岛屿生物地理学

岛屿生物地理学理论的提出和迅速发展是生物地理学领域的一次革命。这一模型是基于对岛屿物种多样性的深入研究而提出的，但它的应用可以从海洋中真正的岛屿扩展到陆地生态系统，保护区、国家公园和其他斑块状栖息地可看作是被非栖息地"海洋"所包围的生境"岛屿"，对一些生物类群的调查也验证了岛屿生物地理学的理论。大量资料表明，面积和隔离程度确实在许多情况下是决定物种丰富度的最主要因素，也正是在这一时期，人们开始发现许多物种已经绝灭，而大量物种正濒临绝灭，人们也开始认识到这些物种绝灭对人类的灾难性。为此，人们建立了大批自然保护区和国家公园以拯救濒危物种，岛屿生物地理学理论的简单性及其适用领域的普遍性使这一理论长期成为物种保护和自然保护区设计的理论基础。岛屿生物地理学就被视为保护区设计的基本理论依据之一，保护区的建立以追求群落物种丰富度的最大化为基本原则。

（二）集合种群生态学

狭义集合种群指局域种群的灭绝和侵占，即重点是局域种群的周转。广义集合种群指相对独立地理区域内各局域种群的集合，并且各局域种群通过一定程度的个体迁移而使之连为一体。

用集合种群的途径研究种群生物学有两个前提：①局域繁育种群的集合被空间结构化；②迁移对局部动态有某些影响，如灭绝后，种群重建的可能性。

由于人类活动的干扰，许多栖息地都不再是连续分布，而是被割裂成多个斑块，许多物种就是生活在这样破碎化的栖息地当中，并以集合种群形式存在的，包括一些植物、数种昆虫纲以外的无脊椎动物、部分两栖动物、一些鸟类和部分小型哺乳动物，以及昆虫纲中的很多物种。

集合种群理论对自然保护有以下几个启示：①集合种群的长期续存需要 10 个以上的生境斑块；②生境斑块的理想间隔应是一个折中方案；③空间现实的集合种群模型可用于对破碎景观中的物种进行实际预测；④较高生境质量的空间变异是有益的；⑤现在景观中集合种群的生存可能具有欺骗性。

在过去几年中，集合种群动态及其在破碎景观中的续存等概念在种群生物学、保护生物学、生态学中牢固地树立起来。在保护生物学中，由于集合种群理论从物种生存的栖息地的质量及其空间动态的角度探索物种灭绝及物种分化的机制，成功地运用集合种群动态理论，可望从生物多样性演化的生态与进化过程中寻找保护珍稀濒危物种的规律。它很大程度上取代了岛屿生物地理学。

另外，随着景观生态学、恢复生态学的发展，基于景观生态学理论的自然保护区研究与规划，以及基于恢复生态学理论的退化生态系统恢复技术，在生物多样性保护方面也正发挥着越来越重要的作用。

二、生物多样性保护技术

（一）一般途径

1.就地保护

就地保护是保护生物多样性最为有效的措施。就地保护是指为了保护生物多样性，把包含保护对象在内的一定面积的陆地或水体划分出来，进行保护和管理。就地保护的对象主要包括有代表性的自然生态系统和珍稀濒危动植物的天然集中分布区等。就地保护主要是建立自然保护区。自然保护区的建立需要大量的人力、物力，因此，保护区的数量终究有限。同时，某些濒危物种、特殊生态系统类型、栽培和家养动物的亲缘种不一定都生活在保护区内，还应从多方面采取措施，如：建设设立保护点等。在林业上，应采取有利生物多样性保护的林业经营措施，特别应禁止采伐残存的原生天然林及保护残存的片段化的天然植被，如：灌丛、草丛，禁止开垦草地、湿地等。

2.迁地保护

迁地保护是就地保护的补充。迁地保护是指为了保护生物多样性，把由于生存条件不复存在、物种数量极少或难以找到配偶等，生存和繁衍受到严重威胁的物种迁出原地，通过建立动物园、植物园、树木园、野生动物园、种子库、精子库、基因库、水族馆、海洋馆等不同形式的保护设施，对那些比较珍贵的、具有较高价值的物种进行的保护。这种保护在很大程度上是挽救式的，它可能保护了物种的基因，但长久以后，可能保护的是生物多样性的活标本。因为迁地保护是利用人工模拟环境，自然生存能力、自然竞争等在这里无法形成。珍稀濒危物种的迁地保护一定要考虑种群的数量，特别对稀有和濒危物种引种时要考虑引种的个体数量，因为保持一个物种必须以种群最小存活数量为依据。某一个物种仅引种几个个体对保存物种的意义有限，而且一个物种种群最好来自不同地区，以丰富物种遗传多样性。迁地保护为趋于灭绝的生物提供了生存的最后机会。

3.离体保护

离体保护是指通过建立种子库、精子库、基因库等对物种和遗传物质进行的保护。这种方法利用空间小、保存量大、易于管理，但该方法在许多技术上有待突破，对于一些不易储藏、储存后发芽率低等"难对付"的种质材料，目前还很难实施离体保护。

（二）自然保护区建设探索

自然保护区在保护生态系统的天然本底资源、维持生态平衡等多方面都有着极其重要的作用。在生物多样性保护方面，由于自然保护区很好地保护了各种生物及其赖以生存的森林、湿地等各种类型生态系统，为生态系统的健康发展及各种生物的生存与繁衍提供了保证。自然保护区是各种生态系统及物种的天然储存库，是生物多样性保护最为重要的途径和手段。

1. 自然保护区地址的选择

保护地址的选择，首先必须明确其保护的对象与目标要求。一般来说须考虑以下因素：①典型性。应选择有地带性植被的地域，应有本地区原始的"顶极群落"，即保护区为本区气候带最有代表性的生态系统。②多样性。即多样性程度越高，越有保护价值。③稀有性。即保护那些稀有的物种及其群体。④脆弱性。脆弱的生态系统对极易受环境的改变而发生变化，保护价值较高。另外，还要考虑面积因素、天然性、感染力、潜在的保护价值及科研价值等方面。

2. 自然保护区设计理论

由于受到人类活动干扰的影响，许多自然保护区已经或正在成为生境岛屿。岛屿生物地理学理论为研究保护区内物种数目的变化和保护的目标物种的种群动态变化提供了重要的理论方法，成为自然保护区设计的理论依据。但在一个大保护区好还是几个小保护区好等问题上，一直仍有争议，因此，岛屿生物地理学理论在自然保护区设计方面的应用值得进一步研究与认识。

3. 自然保护区的形状与大小

保护区的形状对于物种的保存与迁移起着重要作用。Wilson 和 Willis 认为，当保护区的面积与其周长比率最大时，物种的动态平衡效果最佳，即圆形是最佳形状，它比狭长形具有较小的边缘效应。

对于保护区面积的大小，目前尚无准确的标准。主要应根据保护对象和目的，应基于物种与面积关系、生态系统的物种多样性与稳定性等加以确定。

4. 自然保护区的内部功能分区

自然保护区的结构一般由核心区、缓冲区和实验区组成，不同的区域具有不同的功能。

核心区是自然保护区的精华所在，是被保护物种和环境的核心，需要加以绝对严格保护。核心区具有以下特点：①自然环境保存完好；②生态系统内部结构稳定，演替过程能够自然进行；③集中了本自然保护区特殊的、稀有的野生生物物种。

核心区的面积一般不得小于自然保护区总面积的1/3。在核心区内可允许进行科学观测，在科学研究中起对照作用。不得在核心区采取人为的干预措施，更不允许修建人工设施和进入机动车辆，应禁止参观和游览的人员进入。

缓冲区是指在核心区外围为保护、防止和减缓外界对核心区造成影响和干扰所划出的区域，它有两个方面的作用：①进一步保护和减缓核心区不受侵害；②可允许进行经过管理机构批准的非破坏性科学研究活动。

实验区是指自然保护区内可进行多种科学实验的地区。实验区内在保护好物种资源和自然景观的原则下，可进行以下活动和实验：①栽培、驯化、繁殖本地所特有的植物和动物资源；②建立科学研究观测站从事科学试验；③进行大专院校的教学实习；④具有旅游资源和景点的自然保护区，可划出一定的范围，开展生态旅游。

景观生态学的理论和方法在保护区功能区的边界确定及其空间格局等方面的应用越来越引起人们的关注。

5. 自然保护区之间的生境廊道建设

生境廊道既为生物提供了居住的生境，也为动植物的迁移扩散提供了通道。自然保护区之间的生境廊道建设，有利于不同保护区之间及保护区与外界之间进行物质、能量、信息的交流。在生境破碎，或是单个小保护区内不能维持其种群存活时，廊道为物种的安全迁移及扩大生存空间提供了可能。

第四节　现代林业的生物资源与利用

一、林业生物质材料

林业生物质材料是以木本植物、禾本植物和藤本植物等天然植物类可再生资源及其加工剩余物、废弃物和内含物为原材料，通过物理、化学和生物学等高科技手段，加工制造的性能优异、环境友好、具有现代新技术特点的一类新型材料。其应用范围超过传统木材和制品及林产品的使用范畴，是一种能够适应未来市场需求、应用前景广阔、能有效节约或替代不可再生矿物资源的新材料。

（一）发表林业生物质材料的意义

1. 节约资源、保护环境和实现经济社会可持续发展的需要

现今全世界都在谋求以循环经济、生态经济为指导，坚持可持续发展战略，从保护人类自然资源、生态环境出发，充分有效利用可再生的、巨大的生物质资源，加工制造生物质材料，以节约或替代日益枯竭、不可再生的矿物质资源材料。因此，世界发达国家都大力利用林业生物质资源，发展林业生物质产业，加工制造林业生物质材料，以保障经济社会发展对材料的需求。

近年来，我国经济的快速增长，在相当程度上是依赖资金、劳动力和自然资源等生产要素的粗放投入实现的因此矿产资源紧缺矛盾日益突出，石油、煤炭、铜、铁、锰、铬储量持续下降，缺口及短缺进一步加大，面临资源难以为继的严峻局面。随着国家生物经济的发展和建设创新型国家战略的实施，我国林业生物质材料产业的快速发展必将在国家经济和社会可持续发展中保障材料供给发挥越来越重要的作用。

2. 我国实现林农增收和建设社会主义新农村的需要

我国是一个多山的国家，山区面积占国土总面积的69%，山区人口占全国总人口的56%。近年来，国家林业和草原局十分重视林业生物质资源的开发，特别是在天然林资源保护工程实施以后，通过加强林业废弃物、砍伐加工剩余物及非木质森林资源的资源化加工利用，取得显著成效，大大地带动了山区经济的振兴和林农的脱贫致富。全国每年可带动4 500万林农就业，相当于农村剩余劳动力的37.5%。毫无疑问，通过生物质材料学会，沟通和组织全国科研院所，研究和开发出生物质材料成套技术，培育出生物质材料新兴产业，实现对我国丰富林业生物质资源的延伸加工，调整林业产业结构，拓展林农就业空间，增加林农就业机会，提高林农收入，改善生态环境和建设社会主义新农村具有重大战略意义。

3. 实现与国际接轨和参加国际竞争的需要

当前，人类已经面临着矿物质资源的枯竭。因此，如何以生物经济为指导，合理开发和利用林业生物质材料所具有的可再生性和生态环境友好性双重性质，以再生生物质资源节约或代替金属和其他源于矿物质资源化工材料的研究，已引起国际上广泛的重视。为此，世界各国纷纷将生物质材料研究列为科技重点，并成立相应的研究组织，或将科研院所和高等院校的"木材科学与技术"机构更名或扩大为"生物质材料科学"机构，准备在这一研究领域展开源头创新竞争，率先领导一场新的产业革命。因此，完善我国生物质材料研究和开发体系，有利于进行国际学术交流和参加国际竞争，提高我国生物质材料科学研究水平。

（二）林业生物质材料发展基础和潜力

1. 发展林业生物质材料产业有稳定持续的资源供给

太阳能或者转化为矿物能积存于固态（煤炭）、液态（石油）和气态（天然气）中；或者与水结合，通过光合作用积存于植物体中。对转化和积累太阳能而言，植物特别是林木资源具有明显的优势。森林是陆地生态系统的主体，蕴藏着丰富的可再生资源，是世界上最大的可加以利用的生物质资源库，是人类赖以生存发展的基础资源。森林资源的可再生性、生物多样性、对环境的友好性和对人类的亲和性，决定了以现代科学技术为依托的林业生物产业在推进国家未来经济发展和社会进步中具有重大作用，不仅显示出巨大的发展潜力，而且顺应了国家生物经济发展的潮流。近年来实施的六大林业重点工程，已营造了大量的速生丰产林，目前资源培育力度还在进一步加大。此外，丰富的沙生灌木和非木质森林资源及大量的林业废弃物和加工剩余物也将为林业生物质材料的利用提供重要资源渠道，这些都将为生物质材料的发展提供资源保证。

2. 发展林业生物质材料研究和产业具有坚实的基础

长期以来，我国学者在林业生物质材料领域，围绕天然生物质材料、复合生物质材料及合成生物质材料方面做了广泛的科学研究工作，研究了天然林木材和人工林木材及竹、藤材的生物学、物理学、化学与力学和材料学特征及加工利用技术，研究了木质重组材料、木基复合材料、竹藤材料及秸秆纤维复合/重组材料等各种生物质材料的设计与制造及应用，研究了利用纤维素质原料粉碎冲击成型而制造一次性可降解餐具，利用淀粉加工可降解塑料，利用木粉的液化产物制备环保型酚醛胶黏剂等，基本形成学科方向齐全、设备先进、研究阵容强大、成果丰硕的木材科学与技术体系，打下了扎实的创新基础。近年来，我国林业生物质材料产业已经呈现出稳步跨越、快速发展的态势，正经历着从劳动密集型到劳动与技术、资金密集型转变，从跟踪仿制到自主创新的转变，从实验室探索到产业化的转变，从单项技术突破到整体协调发展的转变，产业规模不断扩大，产业结构不断优化，产品质量明显提高，经济效益持续攀升。

3. 发展林生生物质材料适应未来的需要

材料工业方向必将发生巨大变化，发展林业生物质材料以适应未来工业目标，而生物质材料是未来工业的重点材料。生物质材料产业开发利用已初见端倪，逐步在商业和工业上取得成功，在汽车材料、航空材料、运输材料等方面占据了一定的地位。随着林木培育、采集、储运、加工、利用技术的日趋成形和完善，随着生物质材料产业体系的形成和建立，相对于矿物质资源材料来说，随着矿物质材料价格不可遏制的高涨，生物质材料从根本上平衡和协调了经济增长与环境容量之间的相互关系，是一种清洁的可持续利用的材料。生物质材料将实现规模化快速发展，并将逐渐占据重要地位。

4. 发展林业生物质材料产业将促进林业产业的发展，有益于新农村建设

中国宜林地资源较丰富，特别是中国有较充裕廉价的劳动力资源，可以通过培育林木生物质资源，实现资源优势和人力资源优势向经济优势的转化，利于国家、惠及农村、富在农民。

发展林业生物质材料产业将促进我国林产工业跨越性发展。我国正处在传统产业向现代产业转变的加速期，对现代产业化技术装备需求迫切。林业生物质材料技术基础将先进的适应资源特点的技术和高性能产品为特征的高新技术相结合，适应了我国现阶段对现代化技术的需求。

5. 发展林业生物质材料产业须改善管理体制上的不确定性

不容忽视的是，目前生物质材料产业还缺乏系统规划和持续开发能力。林业生物质材料产业的资源属林业部门管理，而产品分别归属农业、轻工、建材、能源、医药、外贸等

部门管理，作为一个产品类型分支庞大而各产品相对弱小的产业，系统的发展规划尚未列入各管理部门的规划重点，导致在应用方面资金投入、人才投入较弱。

从长远战略规划出发，进一步开展生物质材料产出与效率评估、生物质材料及产品生命循环研究。

二、林业生物质能源

生物质能一直与太阳能、风能及潮汐能一起作为新能源的代表，由于林业生物质资源量丰富且可以再生，其含硫量和灰分都比煤炭低，而含氢量较高，现在受关注的程度直线上升。

（一）林业生物质能源发展的重点领域

1.专用能源林资源培育技术平台

生物质资源是开展生物质转化的物质基础，对于发展生物产业和直接带动现代农业的发展息息相关。该方向应重点开展能源植物种质资源与高能植物选育及栽培。针对目前能源林单产低、生长期长、抗逆性弱、缺乏规模化种植基地等问题，结合林业生态建设和速生丰产林建设，加速能源植物品种的遗传改良，加快培育高热值、高生物量、高含油量、高淀粉产量优质能源专用树种，开发低质地上专用能源植物栽培技术，并在不同类型宜林地、边际性土地上进行能源树种定向培育和能源林基地建设，为生物质能源持续发展奠定资源基础。能源林主要包括木质纤维类能源林、木本油料能源林和木本淀粉类能源林三大类。

（1）木质纤维类能源林

以利用林木木质纤维直燃发电或将其转化为固体、液体、气体燃料为目标，重点培育具有大生物量、抗病虫害的柳树、杨树、桉树、栎类和竹类等速生短轮伐期能源树种，建立配套的栽培及经营措施；解决现有低产低效能源林改造恢复技术，优质高产高效能源林可持续经营技术，绿色生长调节剂和配方施肥技术，病虫害检疫和预警技术。加强沙生灌木等可在边际性土地上种植的能源植物新品种的选育，优化资源经营模式，提高沙柳、柠条等灌木资源利用率，建立沙生灌木资源培育和能源化利用示范区。

（2）木本油料能源林

以黄连木、油桐、麻风树、文冠果等主要木本燃料油植物为对象，大力进行良种化，解决现有低产低效林改造技术和丰产栽培技术；加快培育含油量高、抗逆性强且能在低质地生长的木本油料能源专用新树种，突破立地选择、密度控制、配方施肥等综合培育技术。以公司加农户等多种方式，建立木本油料植物规模化基地。

（3）木本淀粉类能源林

以提制淀粉用于制备燃料乙醇为目的，进行非食用性木本淀粉类能源植物资源调查和利用研究，大力选择、培育具有高淀粉含量的木本淀粉类能源树种，在不同生态类型区开展资源培育技术研究和高效利用技术研究。富含淀粉的木本植物主要是壳斗科、禾本科、豆科、蕨类等，主要是利用果实、种子及根等。重点研究不同种类木本淀粉植物的产能率，开展树种良种化选育，建立木本淀粉类能源林培育利用模式和产业化基地，加强高效利用关键技术研究。

2. 林业生物质热化学转化技术平台

热化学平台研究和开发目标是将生物质通过热化学转化成生物油、合成气和固体碳。尤其是液体产品，主要作为燃料直接应用或升级生产精制燃料或者化学品，替代现有的原油、汽油、柴油、天然气和高纯氢的燃油等产品。另外，由于生物油中含有许多常规化工合成路线难以得到的有价值成分，它还是用途广泛的化工原料和精细日化原料，如：可用生物原油为原料生产高质量的黏合剂和化妆品；也可用它来生产柴油、汽油的降排放添加剂。热化学转化平台主要包括热解、液化、气化和直接燃烧等技术。

3. 林业生物质糖转化技术平台

生物质糖转化技术平台的技术目标是要开发使用木质纤维素生物质来生产便宜的，能够用于燃料、化学制品和材料生产的糖稀，降低适合发酵成酒精的混合糖与稀释糖的成本。美国西北太平洋国家实验室（PNNL）和国家再生能源实验室（NREL）已对可由戊糖和己糖生产的300种化合物，根据其生产和进一步加工高附加值化合物的可行性进行了评估和筛选，提出了30种候选平台化合物，并从中又筛选出12种最有价值的平台化合物。但是，制约该平台的纤维素原料的预处理及降解纤维素为葡萄糖的纤维素酶的生产成本过高、戊糖/己糖共发酵菌种等瓶颈问题尚未突破。

4. 林业生物质衍生产品的制备技术平台

（1）生物基材料转化

在进行生物质能源转化的同时，开展生物基材料的研究开发亦是国内外研究热点。应加强生物塑料（包括淀粉基高分子材料、聚乳酸、PHA、PTT、PBS）、生物基功能高分子材料、木基材料等生物基材料制备、应用和性能评价技术等方面的研究，重点在现有可生物降解高分子材料基础上，集成淀粉的低成本和聚乳酸等生物可降解树脂的高性能优势，开发全降解生物基塑料（亦称淀粉塑料）和地膜产品，开发连续发酵乳酸和从发酵液中直接聚合乳酸技术，降低可生物降解高分子树脂的成本，保证生物质材料的经济性；形成完整的生产全降解生物质材料技术、装备体系。

（2）生物基化学品转化

利用可再生的生物质原料生产生物基化学品同样具有广阔的前景。应加快生物乙烯、乳酸、1，3-丙二醇、丁二酸、糠醛、木糖醇等乙醇和生物柴油的下游及共生化工产品的研究，重点开展生物质绿色平台化合物制备技术，包括葡萄糖、乳酸、乙醇、糠醛、羟甲基糠醛、木糖醇、乙酰丙酸、环氧乙烷等制备技术。加强以糠醛为原料生产各种新型有机化合物、新材料的研究和开发。

（二）林业生物质能源主要研究方向

1. 能源林培育

重点培育适合能源林的柳树、杨树和桉树等速生短轮伐期品种，建立配套的栽培及经营措施；在木本燃料油植物树种的良种化和丰产栽培技术方面，以黄连木、油桐、麻风树、文冠果等主要木本燃料油植物为对象、大力进行良种化，解决现有低产低效林改造技术；改进沙生灌木资源培育建设模式，提高沙柳、柠条等灌木资源利用率，建立沙生灌木资源培育和能源化利用示范区。

2. 燃料乙醇

重点加大纤维素原料生产燃料乙醇工艺技术的研究开发力度，攻克植物纤维原料预处理技术、戊糖己糖联合发酵技术，降低酶生产成本，提高水解糖得率，使植物纤维基燃料乙醇生产达到实用化。在华东或东北地区进行以木屑等木质纤维为原料生产燃料乙醇的中试生产；在木本淀粉资源集中的南方省（自治区）形成燃料乙醇规模化生产。

3. 生物柴油

重点突破大规模连续化生物柴油清洁生产技术和副产物的综合利用技术，形成基于木本油料的、具有自主知识产权、经济可行的生物柴油生产成套技术；开展生物柴油应用技术及适应性评价研究。在木本油料资源集中区开展林油一体化的生物柴油示范，并根据现有木本油料资源分布及原料林基地建设规划与布局，形成一定规模的生物柴油产业化基地。

4. 生物质气化发电/供热

主要发展大规模连续化生物质直接燃烧发电技术、生物质与煤混合燃烧发电技术和生物质热电联产技术；针对现有生物质气化发电技术存在燃气热值低、气化过程产生的焦油多的技术瓶颈，研究开发新型高效气化工艺。在林业剩余物集中区建立兆瓦级大规模生物质气化发电/供热示范工程；在柳树、灌木等资源集中区建立生物质直燃/混燃发电示范工程；在三北地区建立以沙生灌木为主要原料，集灌木能源林培育、生物质成型燃料加工、发电/供热一体化的热电联产示范工程。通过示范，形成分布式规模化生物质发电系统。

5. 固体成型燃料

重点以降低生产能耗、降低产品成本、提高模具耐磨性为主攻方向，开发一体化、可移动的颗粒燃料加工技术和装备，开发大规模林木生物质成型燃料设备及抚育、收割装备；

形成固体成型燃料生产、供热燃烧器具、客户服务等完善的市场和技术体系。在产业化示范的基础上，在三北地区建立一定规模的以沙生灌木为原料的生物质固化成型燃料产业化基地；在东北、华南和华东等地建立具有一定规模的以林业剩余物或速生短轮伐期能源林为原料的生物质固化成型燃料产业化基地。

第五节　森林文化体系建设

一、森林文化体系建设现状

我国具有悠久的历史文化传承，丰富的自然人文景观和浓郁的民族、民俗、乡土文化积淀，为现代森林文化建设提供了有益的理论依据和翔实的物质基础。中华人民共和国成立以来，特别是改革开放以来，各级党委和政府高度重视林业发展和森林文化体系建设，并在实践中不断得以丰富、发展与创新，积累了许多宝贵的经验。

（一）我国森林文化发展现状与趋势

1. 资源丰富

我国历史文化、民族风俗和自然地域的多样性，决定了森林与生态文化发展背景、资源积累、表现形式和内在含义的五彩纷呈与博大精深。在人与人、人与自然、人与社会长期共存、演进的过程中，各地形成了丰富而独具特色的森林生态文化。自然生态资源与历史人文资源融为一体，物质文化形态与非物质文化形态交相辉映，不仅为满足当代人，乃至后代人森林生态文化多样化需求提供了物质载体，而且关注、传播、保护、挖掘、继承和弘扬森林文化，必将成为构建生态文明社会的永恒主题。

2. 需求强劲

随着国民经济的快速发展，生态形势的日趋严峻，全社会对良好生态环境和先进生态文化的需求空前高涨。这种生态文化需求包括精神层面和物质层面。在生态文化需求的精神层面上，研究、传播和培育生态理论、生态立法、生态伦理和生态道德方面显得尤为迫切。文化是一种历史现象，每一社会都有与其相适应的文化，并随着社会物质生产的发展而发展。先进文化为社会发展提供精神动力和智力支持，同先进生产力一起，成为推动社会发展的两只轮子。生态文化是人与自然和谐相处、协同发展的文化，对生态建设和林业发展有强大的推动作用。在生态文化需求的物质层面上，大力发展生态文化产业，既推动了林业产业发展、促进山区繁荣和林农致富，又满足了人们生态文化消费的需要。

3. 潜力巨大

森林与生态文化建设和产业发展的潜力巨大，前景广阔。一是生态文化资源开发潜力巨大。我国历史悠久，地域辽阔，蕴藏着极其丰富的自然与人文资源。在这些资源中，有的是世界历史文化的遗产，有的是国家和民族的象征，有的是人类艺术的瑰宝，有的是自然造化的结晶。这些特殊的、珍贵的、不可再生的自然垄断性资源，不仅有着独特的、极其重要的自然生态、历史文化和科教审美价值，而且蕴藏着丰厚的精神财富和潜在的物质财富。其中，相当一部分资源还未得到有效的保护、挖掘、开发和利用。二是生态文化科学研究、普及与提高的潜力巨大。通过生动活泼的生态文化活动，增强人们的生态意识、生态责任、生态伦理和生态道德，促进人与自然和谐共存，经济与社会协调发展，全社会生态文明观念牢固树立。三是生态文化产业的市场潜力巨大。

4. 顺应潮流

建设先进而繁荣的生态文化体系，顺应时代潮流。随着近代工业化进程加快，全球生态环境日趋恶化，引起国际社会的热切关注。美国、德国、日本、澳大利亚等许多发达国家高度重视森林可持续经营和生态文化体系建设，收到明显效果。在这些国家，全社会的生态伦理意识深入人心，生态制度比较完备，生态环境显著改善，生态文明程度明显提高。世界各国森林经营理论也由传统的永续利用转变为可持续经营，城市森林建设已成为生态化城市的发展方向，传统林业正迅速向现代林业转变。

（二）我国森林文化建设取得的主要经验

1. 政府推动，社会参与

森林生态文化体系建设是一项基础性、政策性、技术性和公众参与性很强的社会公益事业。各级政府积极倡导和组织生态文化体系建设，把生态文化体系建设纳入当地国民经济和社会发展中长期规划，充分发挥政府在统筹规划、宏观指导、政策引导、资源保护与开发中的主体地位和主导作用，通过有效的基础投入和政策扶持，促进市场配置资源，鼓励多元化投入，实现有序开发和实体运作。这既是经验积累，也是发展方向。

2. 林业主导，工程带动

森林、湿地、沙漠三大陆地生态系统，以及与之相关的森林公园、自然保护区、乡村绿地、城市森林与园林等是构建生态文化体系的主要载体，涉及诸多行业和部门。林业部门是保障国家生态安全、实施林业重大生态工程的主管部门，在生态文化体系建设中发挥着不可替代的主导地位和作用。这是确保林业重点工程与生态文化建设相得益彰、协调发展的基本经验。

3. 宣传教育，注重普及

森林生态文化重在传承弘扬，贵在普及提高。目前，各地通过各种渠道开展群众喜闻乐见的生态文化宣传普及和教育活动。一是深入挖掘生态文化的丰富内涵。如：云南、贵州省林业厅经常组织著名文学艺术家、画家、摄影家等到林区采风，通过新闻媒体和精美的影视、诗歌散文等作品，宣传普及富有当地特色的生态文化，让广大民众和游客更加热爱祖国、热爱家乡、热爱自然。二是以各种纪念与创建活动为契机开展生态文化宣教普及。各地普遍地运用群众，特别是青少年和儿童参与性、兴趣性、知识性较强的植树节、爱鸟周、世界地球日、荒漠化日等纪念日和创建森林城市活动，潜移默化，寓教于乐。三是结合旅游景点开展生态文化宣传教育活动。例如，云南省丽江市东巴谷生态民族村，在景区中设置大量与生态文化有关的景点，向游客传播生态知识和生态文化理念。四是建立生态文化科普教育示范基地。各地林业部门与科协、教育、文化部门联合，依托当地的自然保护区、森林公园、植物园，举办知识竞赛，兴办绿色学校，开办生态夏令营，开展青年环保志愿行动和绿色家园创建活动。

4. 丰富载体，创新模式

森林与生态文化基础设施是开展全民生态文化教育的重要载体，也是衡量一个地方生态文明程度的重要标志。

二、森林文化建设行动

生态文化建设是一个涉及多个管理部门的整体工程，需要林业、环保、文化、教育、宣传、旅游、建设、财政、税收等多部门的协调与配合。森林文化是生态文化的主体，森林文化建设是生态文化体系建设的突破口和着力点，由林业部门在生态文化建设中承担主导作用。建议国家成立生态文化建设领导小组，协调各个部门在生态文化建设中的各种关系，确保全国生态文化体系建设"一盘棋"。在林业部门内部将生态文化体系建设作为与林业生态体系建设、林业产业体系建设同等重要的任务来抓，加强领导，明确职责，建成强有力的组织体系和健全有效的工作机制，加快推进生态文化体系建设。

（一）森林制度文化建设行动

为使生态文化建设走上有序化、法制化、规范化轨道，必须尽快编制规划，完善政策法规，构建起生态文化建设的制度体系。

1. 开展战略研究，编制建设规划

开展森林文化发展战略研究，是新形势提出的新任务。战略研究的内容应该包括森林文化建设与发展的各个方面，尤其是从战略的高度，系统、深入地研究影响经济社会和现代林业发展全局和长远的森林文化问题，如：战略思想、目标、方针、任务、布局、关键技术、政策保障，指导全国的生态文化建设。建议选择对生态文化建设有基础的单位和地区作为试点，然后总结推广。

2. 完善法律法规，强化制度建设

在条件成熟的情况下，逐步出台和完善各项林业法规，做到有法可依、有法必依、执法必严、违法必究。提高依法生态建设的水平，为生态文明提供法治保障。在政策、财税制度方面给森林文化建设予以倾斜和支持，特别是基础设施和条件建设方面给予支持。鼓励支持生态文化理论和科学研究的立项，制定有利于生态文化建设的产业政策，鼓励扶持新型生态文化产业发展，尤其要鼓励生态旅游业等新兴文化产业的发展。建立生态文化建设的专项经费保障制度，生态文化基础设施建设投入纳入同级林业基本建设计划，争取在各级政府预算内基本建设投资中统筹安排解决。逐步建立政府投入、民间融资、金融信贷扶持等多元化投入机制，从而使森林文化的建设成果更好地为发展山区经济、增加农民收入、调整林区产业结构，满足人民文化需求服务。

3. 理顺管理体制，建立管理机构

结合新形势和新任务的实际需要，设立生态文化相关管理机构。加强对管理人员队伍生态文化的业务培训，提高人员素质。加快生态文化体系建设制度化进程。生态文化体系建设需要规范的制度作为保障。建立和完善各级林业部门新闻发言人、新闻发布会、突发公共事件新闻报道制度，准确、及时地公布我国生态状况，通报森林、湿地、沙漠信息。建立生态文化宣传活动工作制度，及时发布生态文化建设的日常新闻和重要信息。理顺各相关部门在森林文化建设中的利益关系，均衡利益分配，促进森林文化的持续健康发展。

（二）发展森林文化产业行动

大力发展生态文化产业，各地应突出区域特色，挖掘潜力，依托载体，延长林业生态文化产业链，促进传统林业第一产业、第二产业向生态文化产业升级。

1. 丰富森林文化产品

既要在原有基础上做大做强山水文化、树文化、竹文化、茶文化、花文化、药文化等物质文化产业，也要充分开发生态文化资源，努力发展体现人与自然和谐相处这一核心价值的文艺、影视、音乐、书画等生态文化精品。丰富生态文化的形式和内容，采取文学、影视、戏剧、书画、美术、音乐等丰富多彩的文化形态，努力在全社会形成爱护森林、保护生态、崇尚绿色的良好氛围。大力发展森林旅游、度假、休闲、游憩等森林旅游产品，以及图书、报刊、音像、影视、网络等生态文化产品。

2. 提供森林文化服务

大力发展生态旅游，把生态文化建设与满足人们的游憩需求有机地结合起来，把生态文化成果充实到旅游产品和服务之中。同时，充分挖掘生态文化培训、咨询、网络、传媒等信息文化产业，打造森林氧吧、森林游憩和森林体验等特色品牌。有序开发森林、湿地、沙漠自然景观与人文景观资源，大力发展以生态旅游为主的生态文化产业。鼓励社会投资者开发经营生态文化产业，提高生态文化产品规模化、专业化和市场化水平。

（三）培育森林文化学科与人才行动

中国生态文化体系建设是一个全新的时代命题，也是历史赋予现代林业的一项重大历史使命。

1. 培育森林文化学科

建议国家林业和草原局支持设立专项课题，组织相关专家学者，围绕构建人与自然和谐的社会主义核心价值观，加强生态文化学术研究，推动生态文化学科建设。在理论上，对于如何建设中国特色生态文化，如何在新的基础上继承和发展传统的生态文化，丰富、凝练生态价值观，需要进一步开展系统、深入的课题研究。重点加强生态变迁、森林历史、生态哲学、生态伦理、生态价值、生态道德、森林美学、生态文明等方面的研究和学科建设。支持召开一些关于生态文化建设的研讨会，出版一批学术专著，创办学术期刊，宣传生态文化研究成果。在对我国生态文化体系建设情况进行专题调查研究和借鉴学习国外生态文化建设经验的基础上，构建我国生态文化建设的理论体系，形成比较系统的理论框架。

2. 培养森林文化人才

加强生态文化学科建设、科技创新和教育培训，培养生态文化建设的科学研究人才、经营管理人才，打造一支专群结合、素质较高的生态文化体系建设队伍。各相关高等院校、科研院所和学术团体应加强合作，通过合作研究、合作办学等多种形式，加强生态文化领域的人才培养；建立生态文化研究生专业和研究方向，招收硕士、博士研究生，培养生态文化研究专业或方向的高层次人才；通过开展生态文化项目研究，提高理论研究水平，增强业务素质。

3. 推进森林文化国际交流

扩大开放，推进国际生态文化交流。开展生态文化方面的国际学术交流和考察活动，建立与国外同行间的友好联系；推动中国生态文化产业的发展，向国际生态文明接轨，提高全民族的生态文化水平；加强生态文化领域的国际合作研究，促进东西方生态文化的交流与对话；推进生态文化领域的国际化进程，在中国加快建设和谐社会中发挥生态文化应有的作用。

第七章　现代林业与生态文明建设

第一节　现代林业与生态环境文明

一、现代林业与生态建设

维护国家的生态安全必须大力开展生态建设。国家要求"在生态建设中，要赋予林业以首要地位"，这是一个很重要的命题。这个命题至少说明现代林业在生态建设中占有极其重要的位置——首要位置。

为了深刻理解现代林业与生态建设的关系，首先，必须明确生态建设所包括的主要内容。生态建设（生态文明建设）是实现全面建成小康社会奋斗目标的新要求，是与经济建设、政治建设、文化建设、社会建设相并列的五大建设之一。要加强能源资源节约和生态环境保护，增强可持续发展能力。坚持节约资源和保护环境的基本国策，关系人民群众切身利益和中华民族生存发展。必须把建设资源节约型、环境友好型社会放在工业化、现代化发展战略的突出位置，落实到每个单位、每个家庭。要完善有利于节约能源资源和保护生态环境的法律和政策，加快形成可持续发展体制机制。落实节能减排工作责任制。开发和推广节约、替代、循环利用和治理污染的先进适用技术，发展清洁能源和可再生能源，保护土地和水资源，建设科学合理的能源资源利用体系，提高能源资源利用效率。发展环保产业。加大节能环保投入，重点加强水、大气、土壤等污染防治，改善城乡人居环境。加强水利、林业、草原建设，加强荒漠化石漠化治理，促进生态修复。加强应对气候变化能力建设，为保护全球气候做出新贡献。

其次，必须认识现代林业在生态建设中的地位。生态建设的根本目的，是为了提升生态环境的质量，提升人与自然和谐发展、可持续发展的能力。现代林业建设对于实现生态建设的目标起着主体作用，在生态建设中处于首要地位。这是因为，森林是陆地生态系统的主体，在维护生态平衡中起着决定作用。林业承担着建设和保护"三个系统、一个多样性"的重要职能，即建设和保护森林生态系统、管理和恢复湿地生态系统、改善和治理荒漠生态系统、维护和发展生物多样性。科学家把森林生态系统喻为"地球之肺"，把湿地生态系统喻为"地球之肾"，把荒漠化喻为"地球的癌症"，把生物多样性喻为"地球的免疫系统"。这"三个系统、一个多样性"，对保持陆地生态系统的整体功能起着中枢作用和杠杆作用，无论损害和破坏哪一个系统，都会影响地球的生态平衡，影响地球的健康长寿，危及人类生存的根基。只有建设和保护好这些生态系统，维护和发展好生物多样性，人类才能永远地在地球这一共同的美丽家园里繁衍生息、发展进步。

（一）森林被誉为大自然的总调节器，维持着全球的生态平衡

地球上的自然生态系统可划分为陆地生态系统和海洋生态系统。其中，森林生态系统是陆地生态系统中组成最复杂、结构最完整、能量转换和物质循环最旺盛、生物生产力最高、生态效应最强的自然生态系统；是构成陆地生态系统的主体；是维护地球生态安全的重要保障，在地球自然生态系统中占有首要地位。森林在调节生物圈、大气圈、水圈、土壤圈的动态平衡中起着基础性、关键性作用。

（二）森林在生物世界和非生物世界的能量和物质交换中扮演着主要角色

森林作为一个陆地生态系统，具有最完善的营养级体系，即从生产者、消费者到分解者全过程完整的食物链和典型的生态金字塔。由于森林生态系统面积大，树木形体高大，结构复杂，多层的枝叶分布使叶面积指数大，因此光能利用率和生产力在天然生态系统中是最高的。除了热带农业以外，净生产力最高的就是热带森林，连温带农业也比不上它。与温带地区几个生态系统类型的生产力相比较，森林生态系统的平均值是最高的。

（三）森林对保持全球生态系统的整体功能起着中枢和杠杆作用

在世界范围内，由于森林剧减，引发日益严峻的生态危机。森林减少是由人类长期活动的干扰造成的。在人类文明之初，人少林茂兽多，人类常用焚烧森林的办法，获得熟食和土地，并借此抵御野兽的侵袭。进入农耕社会之后，人类的建筑、薪材、交通工具和制造工具等，皆需要采伐森林，尤其是农业用地、经济林的种植，皆由原始森林转化而来。工业革命兴起，大面积森林又变成工业原材料。直到今天，城乡建设、毁林开垦、采伐森林，仍然是许多国家经济发展的重要方式。

地球上包括人类在内的一切生物都以其生存环境为依托。森林是人类的摇篮、生存的庇护所，它用绿色装点大地，给人类带来生命和活力，带来智慧和文明，也带来资源和财富。森林是陆地生态系统的主体，是自然界物种最丰富、结构最稳定、功能最完善也最强大的资源库、再生库、基因库、碳储库、蓄水库和能源库，除了能提供食品、医药、木材及其他生产生活原料外，还具有调节气候、涵养水源、保持水土、防风固沙、改良土壤、减少污染、保护生物多样性、减灾防洪等多种生态功能，对改善生态、维持生态平衡、保护人类生存发展的自然环境起着基础性、决定性和不可替代的作用。在各种生态系统中，森林生态系统对人类的影响最直接、最重大，也最关键。离开了森林的庇护，人类的生存与发展就会丧失根本和依托。

森林和湿地是陆地最重要的两大生态系统，它们以70%以上的程度参与和影响着地球化学循环的过程，在生物界和非生物界的物质交换和能量流动中扮演着主要角色，对保

持陆地生态系统的整体功能、维护地球生态平衡、促进经济与生态协调发展发挥着中枢和杠杆作用。林业就是通过保护和增强森林、湿地生态系统的功能来生产出生态产品。这些生态产品主要包括：吸收 CO_2、释放 O_2、涵养水源、保持水土、净化水质、防风固沙、调节气候、清洁空气、减少噪声、吸附粉尘、保护生物多样性等。

二、现代林业与生物安全

（一）生物安全问题

生物安全是生态安全的一个重要领域。目前，国际上普遍认为，威胁国家安全的不只是外敌入侵，诸如外来物种的入侵、转基因生物的蔓延、基因食品的污染、生物多样性的锐减等生物安全问题也危及人类的未来和发展，直接影响着国家安全。维护生物安全，对于保护和改善生态环境，保障人的身心健康，保障国家安全，促进经济、社会可持续发展，具有重要的意义。在生物安全问题中，与现代林业紧密相关的主要是生物多样性锐减及外来物种入侵。

1. 生物多样性锐减

由于森林的大规模破坏，全球范围内生物多样性显著下降。根据专家测算，由于森林的大量减少和其他种种因素，现在物种的灭绝速度是自然灭绝速度的 1000 倍。这种消亡还呈惊人的加速之势，有许多物种在人类还未认识之前，就携带着它们特有的基因从地球上消失了，而它们对人类的价值很可能是难以估量的。现存绝大多数物种的个体数量也在不断减少，生物多样性保护的任务十分艰巨。

我国的野生动植物资源十分丰富，在世界上占有重要地位。由于我国独特的地理环境，有大量的特有种类，并保存着许多古老的孑遗动植物属种，如：有活化石之称的大熊猫、白鳍豚、水杉、银杉等。但随着生态环境的不断恶化，野生动植物的栖息环境受到破坏，对动植物的生存造成极大危害，使其种群急剧减少，有的已灭绝，有的正面临灭绝的威胁。

关于生态破坏对微生物造成的危害，在我国尚不十分清楚，但一些野生食用菌和药用菌，由于过度采收造成资源日益枯竭的状况越来越严重。

2. 外来物种大肆入侵

根据世界自然保护联盟（IUCN）的定义，外来物种入侵是指在自然、半自然生态系统或生态环境中，外来物种建立种群并影响和威胁到本地生物多样性的过程。毋庸置疑，正确的外来物种的引进会增加引种地区生物的多样性，也会极大地丰富人们的物质生活；相反，不适当的引种则会使得缺乏自然天敌的外来物种迅速繁殖，并抢夺其他生物的生存空间，进而导致生态失衡及其他本地物种的减少和灭绝，严重危及一国的生态安全。从某种意义上说，外来物种引进的结果具有一定程度的不可预见性。这也使得外来物种入侵的防治工作显得更加复杂和困难。在国际层面上，已制定有以《生物多样性公约》为首的防治外来物种入侵等多边环境条约及与之相关的卫生、检疫制度或运输的技术指导文件等。

外来生物入侵既与自然因素和生态条件有关，更与国际贸易和经济的迅速发展密切相关，人为传播已成为其迅速扩散蔓延的主要途径。因此，如何有效抵御外来物种入侵是摆在我们面前的一个重要问题。

（二）现代林业对保障生物安全的作用

生物多样性包括遗传多样性、物种多样性和生态系统多样性。森林是一个庞大的生物世界，是数以万计的生物赖以生存的家园。森林中除了各种乔木、灌木、草本植物外，还有苔藓、地衣、蕨类、鸟类、兽类、昆虫等生物及各种微生物。在世界林业发达国家，保持生物多样性成为其林业发展的核心要求和主要标准，比如，在美国密西西比河流域，人们对森林的保护意识就是从猫头鹰的锐减而开始警醒的。

1. 森林与保护生物多样性

森林是以树木和其他木本植物为主体的植被类型，是陆地生态系统中最大的亚系统，是陆地生态系统的主体。森林生态系统是指由以乔木为主体的生物群落（包括植物、动物和微生物）及其非生物环境（光、热、水、气、土壤等）综合组成的动态系统，是生物与环境、生物与生物之间进行物质交换、能量流动的景观单位。森林生态系统不仅分布面积广并且类型众多，超过陆地上的任何其他生态系统，它的立体成分体积大、寿命长、层次多，有着巨大的地上和地下空间及长效的持续周期，是陆地生态系统中面积最大、组成最复杂、结构最稳定的生态系统，对其他陆地生态系统有很大的影响和作用。森林不同于其他陆地生态系统，具有面积大、分布广、树形高大、寿命长、结构复杂、物种丰富、稳定性好、生产力高等特点，是维持陆地生态平衡的重要支柱。

森林拥有最丰富的生物种类。有森林存在的地方，一般环境条件不太严酷，水分和温度条件较好，适于多种生物的生长。而林冠层的存在和森林多层性造成在不同的空间形成了多种小环境，为各种需要特殊环境条件的植物创造了生存的条件。丰富的植物资源又为各种动物和微生物提供了食料和栖息繁衍的场所。因此，在森林中有着极其丰富的生物物种资源。森林中除建群树种外，还有大量的植物，包括乔木、亚乔木、灌木、藤本、草本、菌类、苔藓、地衣等。森林动物从兽类、鸟类，到两栖类、爬虫、线虫、昆虫，以及微生物等，不仅种类繁多，而且个体数量大，是森林中最活跃的成分。

森林组成结构复杂。森林生态系统的植物层次结构比较复杂，一般至少可分为乔木层、亚乔木层、下木层、灌木层、草本层、苔藓地衣层、枯枝落叶层、根系层及分布于地上部分各个层次的层外植物垂直面和零星斑块、片层等。它们具有不同的耐阴能力和水湿要求，按其生态特点分别分布在相应的林内空间小生境或片层，年龄结构幅度广，季相变化大，因此形成复杂、稳定、壮美的自然景观。乔木层中还可按高度不同划分为若干层次。

森林分布范围广，形体高大，长寿稳定。森林约占陆地面积的29.6%。由落叶或常绿及具有耐寒、耐旱、耐盐碱或耐水湿等不同特性的树种形成的各种类型的森林。天然林和人工林，分布在寒带、温带、亚热带、热带的山区、丘陵、平地，甚至沼泽、海涂滩地等地方。森林树种是植物界中最高大的植物，由优势乔木构成的林冠层可达十几米、数十米，甚至上百米。树木的根系发达，深根性树种的主根可深入地下数米至十几米。树木的高大形体在竞争光照条件方面明显占据有利地位，而光照条件在植物种间生存竞争中往往起着决定性作用。因此，在水分、温度条件适于森林生长的地方，乔木在与其他植物的竞争过程中常占优势。此外，由于森林生态系统具有高大的林冠层和较深的根系层，因此，它们对林内小气候和土壤条件的影响均大于其他生态系统，并且还明显地影响着森林周围地区的小气候和水文情况。树木为多年生植物，寿命较长。有的树种寿命很长。森林树种的长寿性使森林生态系统较为稳定，并对环境产生长期而稳定的影响。

2.湿地与生物多样性保护

湿地是指其为天然或人工、长久或暂时的沼泽地、泥炭地或水域地带，带有静止或流动的淡水、半咸水或咸水水体，包括低潮时水深不超过6米的水域。按照这个定义，湿地包括沼泽、泥炭地、湿草甸、湖泊、河流、滞蓄洪区、河口三角洲、滩涂、水库、池塘、水稻田，以及低潮时水深浅于6米的海域地带等。目前，全球湿地面积约有570万平方千米，约占地球陆地面积的6%。其中，湖泊占2%、泥塘占30%、泥沼占26%、沼泽占20%、洪泛平原约占15%。

湿地覆盖地球表面仅为6%，却为地球上20%已知物种提供了生存环境。湿地复杂多样的植物群落，为野生动物尤其是一些珍稀或濒危野生动物提供了良好的栖息地，是鸟类、两栖类动物的繁殖、栖息、迁徙、越冬的场所。例如，象征吉祥和长寿的濒危鸟类——丹顶鹤，在从俄罗斯远东迁徙至我国江苏盐城国际重要湿地的2000千米的途中，要花费约一个月的时间，在沿途25块湿地停歇和觅食，如果这些湿地遭受破坏，将给像丹顶鹤这样迁徙的濒危鸟类带来致命的威胁。湿地水草丛生特殊的自然环境，虽不是哺乳动物种群的理想家园，却能为各种鸟类提供丰富的食物来源和营巢、避敌的良好条件。可以说，保存完好的自然湿地，能使许多野生生物能够在不受干扰的情况下生存和繁衍，完成其生命周期，由此保存了许多物种的基因特性。

我国是世界上湿地资源丰富的国家之一，湿地资源占世界总量的10%，居世界第四位、亚洲第一位。我国湿地共分为五大类，即四大类自然湿地和一大类人工湿地。自然湿地包括海滨湿地、河流湿地、湖泊湿地和沼泽湿地，人工湿地包括水稻田、水产池塘、水塘、灌溉地，以及农用洪泛湿地、蓄水区、运河、排水渠、地下输水系统等。

（三）加强林业生物安全保护的对策

1.加强保护森林生物多样性

根据森林生态学原理，在充分考虑物种生存环境的前提下，用人工促进的方法保护森林生物多样性。一是强化林地管理。林地是森林生物多样性的载体，在统筹规划不同土地利用形式的基础上，要确保林业用地不受侵占及毁坏。林地用于绿化造林，采伐后及时更新，保证有林地占林业用地的足够份额。在荒山荒地造林时，贯彻适地适树营造针阔混交林的原则，增加森林的生物多样性。二是科学分类经营。实施可持续林业经营管理对森林实施科学分类经营，按不同森林功能和作用采取不同的经营手段，为森林生物多样性保护提供新的途径。三是加强自然保护区的建设。对受威胁的森林动植物实施就地保护和迁地保护策略，保护森林生物多样性。建立自然保护区有利于保护生态系统的完整性，从而保护森林生物多样性。目前，还存在保护区面积比例不足、分布不合理、用于保护的经费及技术明显不足等问题。四是建立物种的基因库。这是保护遗传多样性的重要途径，同时信息系统是生物多样性保护的重要组成部分。因此，尽快建立先进的基因数据库，并根据物种存在的规模、生态环境、地理位置建立不同地区适合生物进化、生存和繁衍的基因局域保护网，最终形成全球性基金保护网，实现共同保护的目的。也可建立生境走廊，把相互隔离的不同地区的生境连接起来构成保护网、种子库等。

2. 防控外来有害生物入侵蔓延

一是加快法制化进程，实现依法管理。建立完善的法律体系是有效防控外来物种的首要任务。要修正立法目的，制定防控生物入侵的专门性法律，要从国家战略的高度对现有法律法规体系进行全面评估，并在此基础上通过专门性立法来扩大调整范围，对管理的对象、权利与责任等问题做出明确规定。要建立和完善外来物种管理过程中的责任追究机制，做到有权必有责、用权受监督、侵权要赔偿。二是加强机构和体制建设，促进各职能部门行动协调。外来入侵物种的管理是政府一项长期的任务，涉及多个环节和诸多部门，应实行统一监督管理与部门分工负责相结合、中央监管与地方管理相结合、政府监管与公众监督相结合的原则，进一步明确各部门的权限划分和相应的职责，在检验检疫、农、林、牧、渔、海洋、卫生等多部门之间建立合作协调机制，以共同实现对外来入侵物种的有效管理。三是加强检疫封锁。实践证明，检疫制度是抵御生物入侵的重要手段之一，特别是对于无意引进而言，无疑是一道有效的安全屏障。要进一步完善检验检疫配套法规与标准体系及各项工作制度建设，不断加强信息收集、分析有害生物信息网络，强化疫情意识，加大检疫执法力度，严把国门。在科研工作方面，要强化基础建设，建立控制外来物种技术支持基地；加强检验、监测和检疫处理新技术研究，加强有害生物的生物学、生态学、毒理学研究。四是加强引种管理，防止人为传入。要建立外来有害生物入侵风险的评估方法和评估体系。建立引种政策，建立经济制约机制，加强引种后的监管。五是加强教育引导，提高公众防范意识。还要加强国际交流与合作。

3. 加强对林业转基因生物的安全监管

随着国内外生物技术的不断创新发展，人们对转基因植物的生物安全性问题也越来越关注。可以说，生物安全和风险评估本身是一个进化过程，随着科学的发展，生物安全的概念、风险评估的内容、风险的大小及人们所能接受的能力都将发生变化。与此同时，植物转化技术将不断在转化效率和精确度等方面得到改进。因此，在利用转基因技术对树木进行改造的同时，我们要处理好各个方面的关系。一方面，应该采取积极的态度去开展转基因林木的研究；另一方面，要加强转基因林木生态安全性的评价和监控，降低其可能对生态环境造成的风险，使转基因林木扬长避短，开创更广阔的应用前景。

三、现代林业与人居生态质量

（一）现代人居生态环境问题

城市化的发展和生活方式的改变在为人们提供各种便利的同时，也给人类健康带来了新的挑战。在中国的许多城市，各种身体疾病和心理疾病，正在成为人类健康的"隐形杀手"。

1. 空气污染

我们周围空气质量与我们的健康和寿命紧密相关。中国每年空气污染导致 1500 万人患支气管病，有 200 万人死于癌症，而重污染地区死于肺癌的人数比空气良好的地区高 4.7 ～ 8.8 倍。

2. 土壤、水污染

现在，许多城市郊区的环境污染已经深入土壤、地下水，达到了即使控制污染源，短期内也难以修复的程度。

3. 灰色建筑、光污染

夏季阳光强烈照射时，城市里的玻璃幕墙、釉面砖墙、磨光大理石和各种涂层反射线会干扰视线，损害视力。长期生活在这种视觉空间里，人的生理、心理都会受到很大影响。

4. 紫外线、环境污染

强光照在夏季时会对人体有灼伤作用，而且辐射强烈，使周围环境温度增高，影响人们的户外活动。另外，城市空气污染物含量高，对人体皮肤也十分有害。

5. 噪声污染

城市现代化工业生产、交通运输、城市建设造成环境噪声的污染也日趋严重，已成城市环境的一大公害。

6. 心理疾病

很多城市的现代化建筑不断增加，人们工作生活节奏不断加快，而自然的东西越来越少，接触自然成为偶尔为之的奢望，这是造成很多人心理疾病的重要因素——城市灾害。城市建筑集中，人口密集，发生地震、火灾等重大灾害时，把人群快速疏散到安全地带，对于减轻灾害造成的人员伤亡非常重要。

（二）人居森林和湿地的功能

1. 城市森林的功能

发展城市森林、推进身边增绿是建设生态文明城市的必然要求，是实现城市经济社会科学发展的基础保障，是提升城市居民生活品质的有效途径，是建设现代林业的重要内容。国内外经验表明，一个城市只有具备良好的森林生态系统，使森林和城市融为一体，高大乔木绿色葱茏，各类建筑错落有致，自然美和人文美交相辉映，人与自然和谐相处，才能称得上是发达的、文明的现代化城市。当前，我国许多城市，特别是工业城市和生态脆弱地区城市，生态承载力低已经成为制约经济社会科学发展的瓶颈。在城市化进程不断加快、城市生态面临巨大压力的今天，通过大力发展城市森林，为城市经济社会科学发展提供更广阔的空间，显得越来越重要、越来越迫切。近年来，许多国家都在开展"人居森林"和"城市林业"的研究和尝试。事实证明，几乎没有一座清洁优美的城市不是靠森林起家的。

净化空气，维持碳氧平衡。城市森林对空气的净化作用，主要表现在能杀灭空气中分布的细菌，吸滞烟灰粉尘，稀释、分解、吸收和固定大气中的有毒有害物质，再通过光合作用形成有机物质。绿色植物能扩大空气负氧离子量，城市森林带中空气负氧离子的含量是城市房间里的200 ~ 400倍。

调节和改善城市小气候，增加湿度，减弱噪声。城市近自然森林对整个城市的降水、湿度、气温、气流都有一定的影响，能调节城市小气候。城市地区及其下风侧的年降水总量比农村地区偏高5% ~ 15%。其中，雷暴雨增加10% ~ 15%；城市年平均相对湿度都比郊区低5% ~ 10%。林草能缓和阳光的热辐射，使酷热的天气降温、失燥，给人以舒适的感觉。树木增加的空气湿度相当于相同面积水面的10倍。植物通过叶片大量蒸腾水分而消耗城市中的辐射热，并通过树木枝叶形成的浓荫阻挡太阳的直接辐射热和来自路面、墙面和相邻物体的反射热产生降温增湿效益，对缓解城市热岛效应具有重要意义。此外，城市森林可减弱噪声。

涵养水源，防风固沙。树木和草地对保持水土有非常显著的功能。

维护生物物种的多样性。城市森林的建设可以提高初级生产者（树木）的产量，保持食物链的平衡，同时为兽类、昆虫和鸟类提供栖息场所，使城市中的生物种类和数量增加，保持生态系统的平衡，维护和增加生物物种的多样性。

城市森林带来的社会效益。城市森林社会效益是指森林为人类社会提供的除经济效益和生态效益之外的其他一切效益，包括对人类身心健康的促进、对人类社会结构的改进及对人类社会精神文明状态的改进。一些研究者认为，森林社会效益的构成因素包括：精神和文化价值、游憩、游戏和教育机会，对森林资源的接近程度，国有林经营和决策中公众的参与，人类健康和安全，文化价值，等等。城市森林的社会效益表现在美化市容，为居民提供游憩场所。以乔木为主的乔灌木结合的"绿道"系统，能够提供良好的遮阴与湿度适中的小环境，减少酷暑行人暴晒的痛苦。城市森林有助于市民绿色意识的形成。城市森林还具有一定的医疗保健作用。城市森林建设的启动，除了可以提供大量绿化施工岗位外，还可以带动苗木培育、绿化养护等相关产业的发展，为社会提供大量新的就业岗位。

2. 湿地在改善人居方面的功能

湿地与人类的生存、繁衍、发展息息相关，是自然界最富生物多样性的生态系统和人类最主要的生存环境之一，它不仅为人类的生产、生活提供多种资源，而且具有巨大的环境功能和效益，在抵御洪水、调节径流、蓄洪防旱、降解污染、调节气候、控制土壤侵蚀、促淤造陆、美化环境等方面有其他系统不可替代的作用。湿地被誉为"地球之肾"和"生命之源"。由于湿地具有独特的生态环境和经济功能，同森林——"地球之肺"有着同等重要的地位和作用，是国家生态安全的重要组成部分，湿地的保护必然成为全国生态建设的重要任务。湿地的生态服务价值居全球各类生态系统之首，不仅能储藏大量淡水，还具有独一无二的净化水质功能，且其成本极其低廉；运行成本亦极低。因此，湿地对地球生态环境保护及人类和谐持续发展具有极为重要的作用。

物质生产功能。湿地具有强大的物质生产功能，它蕴藏着丰富的动植物资源。七里海沼泽湿地是天津沿海地区的重要饵料基地和初级生产力来源。

大气组分调节功能。湿地内丰富的植物群落能够吸收大量的 CO_2 放出 O_2。湿地中的一些植物还具有吸收空气中有害气体的功能，能有效调节大气组分。但同时也必须注意到，湿地生境也会排放出甲烷、氨气等温室气体。沼泽有很大的生物生产效能，植物在有机质形成过程中，不断吸收 CO_2 和其他气体，特别是一些有害的气体。沼泽地上的 O_2 很少消耗于死亡植物残体的分解。沼泽还能吸收空气中的粉尘及携带的各种细菌，从而起到净化空气的作用。另外，沼泽堆积物具有很大的吸附能力，污水或含重金属的工业废水，通过沼泽能吸附金属离子和有害成分。

水分调节功能。湿地在时空上可分配不均的降水，通过湿地的吞吐调节，避免水旱灾害。沼泽湿地具有湿润气候、净化环境的功能，是生态系统的重要组成部分。其大部分发育在负地貌类型中，长期积水，生长了茂密的植物，其下根茎交织，残体堆积。

净化功能。一些湿地植物能有效地吸收水中的有毒物质，净化水质，如：氮、磷、钾及其他一些有机物质，通过复杂的物理、化学变化被生物体储存起来，或者通过生物的转移（如：收割植物、捕鱼等）等途径，永久地脱离湿地，参与更大范围的循环。沼泽湿地中有相当一部分的水生植物，包括挺水性、浮水性和沉水性的植物，具有很强的清除毒物的能力，是毒物的克星。正因为如此，人们常常利用湿地植物的这一生态功能来净化污染物中的病毒，有效地清除了污水中的"毒素"，达到净化水质的目的。

提供动物栖息地功能。湿地复杂多样的植物群落，为野生动物尤其是一些珍稀或濒危野生动物提供了良好的栖息地，是鸟类、两栖类动物的繁殖、栖息、迁徙、越冬的场所。沼泽湿地特殊的自然环境虽有利于一些植物的生长，却不是哺乳动物种群的理想家园，只有鸟类能在这里获得特殊的享受。因为水草丛生的沼泽环境为各种鸟类提供了丰富的食物来源和营巢、避敌的良好条件。在湿地内常年栖息和出没的鸟类有天鹅、白鹳、鸬鹚、大雁、白鹭、苍鹰、浮鸥、银鸥、燕鸥、苇莺、掠鸟等约 200 种。

调节城市小气候。湿地水分通过蒸发成为水蒸气，然后又以降水的形式降到周围地区，可以保持当地的湿度和降雨量。

能源与航运。湿地能够提供多种能源，水电在中国电力供应中占有重要地位，水能蕴藏量居世界第一位，达 6.8 亿千瓦巨大的开发潜力。我国沿海多河口港湾，蕴藏着巨大的潮汐能。从湿地中直接采挖泥炭用于燃烧，湿地中的林草作为薪材，是湿地周边农村最重要的能源来源。另外，湿地有着重要的水运价值，沿海沿江地区经济的快速发展，很大程度上是受惠于此。中国约有 10 万千米内河航道，内陆水运承担了大约 30% 的货运量。

旅游休闲和美学价值。湿地具有自然观光、旅游、娱乐等美学方面的功能，中国有许多重要的旅游风景区都分布在湿地区域。滨海的沙滩、海水是重要的旅游资源，还有不少湖泊因自然景色壮观秀丽而吸引人们，辟为旅游和疗养胜地。滇池、太湖、洱海、杭州西湖等都是著名的风景区，除可创造直接的经济效益外，还具有重要的文化价值。尤其是城市中的水体，在美化环境、调节气候、为居民提供休憩空间方面有着重要的社会效益。湿地生态旅游是在观赏生态环境、领略自然风光的同时，以普及生态、生物及环境知识，保护生态系统及生物多样性为目的的新型旅游，是人与自然的和谐共处，是人对大自然的回归。发展生态湿地旅游能提高公共生态保护意识、促进保护区建设，反过来又能向公众提供赏心悦目的景色，实现保护与开发目标的双赢。

教育和科研价值。复杂的湿地生态系统、丰富的动植物群落、珍贵的濒危物种等，在自然科学教育和研究中都有十分重要的作用，它们为教育和科学研究提供了对象、材料和试验基地。一些湿地中保留着过去和现在的生物、地理等方面演化进程的信息，在研究环境演化、古地理方面有着重要价值。

3. 城乡人居森林促进居民健康

科学研究和实践表明，数量充足、配置合理的城乡人居森林可有效促进居民身心健康，并在重大灾害来临时起到保障居民生命安全的重要作用。

饮食安全。利用树木、森林对城市地域范围内的受污染土地、水体进行修复，是最为有效的土壤清污手段，建设污染隔离带与已污染土壤片林，不仅可以减轻污染源对城市周边环境的污染，也可以使土壤污染物通过植物的富集作用得到清除，恢复土壤的生产与生态功能。

绿色环境。"绿色视率"理论认为，在人的视野中，绿色达到 25% 时，就能消除眼睛和心理的疲劳，使人的精神和心理最舒适。林木繁茂的枝叶、庞大的树冠使光照强度大大减弱，减少了强光对人们的不良影响，营造出绿色视觉环境，也会对人的心理产生多种效应，带来许多积极的影响，使人产生满足感、安逸感、活力感和舒适感。

肌肤健康。医学研究证明：森林、树木形成的绿荫能够降低光照强度，并通过有效地截留太阳辐射，改变光质，对人的神经系统有镇静作用，能使人产生舒适和愉快的情绪，防止直射光产生的色素沉着，还可防止荨麻疹、丘疹、水疱等过敏反应。

维持宁静。森林对声波有散射、吸收功能。在公园外侧、道路和工厂区建立缓冲绿带，都有明显减弱或消除噪声的作用。

自然疗法。森林中含有高浓度的 O_2、丰富的空气负离子和植物散发的"芬多精"。到树林中去沐浴"森林浴"，置身于充满植物的环境中，可以放松身心，舒缓压力。长期生活在城市环境中的人，在森林自然保护区生活一周后，其神经系统、呼吸系统、心血管系统的功能都有明显的改善，机体非特异免疫能力有所提高，抗病能力增强。

此外，在家里种养一些绿色植物，可以净化室内受污染的空气。以前，我们只是从观赏和美化的作用来看待家庭种养花卉。现在，科学家通过测试发现，家庭的绿色植物对保护家庭生活环境有重要作用，如：龙舌兰可以吸收室内 70% 的苯、50% 的甲醛等有毒物质。

我们关注生活、关注健康、关注生命，首先要关注我们周边生态环境的改善，关注城市森林建设。遥远的地方有森林、有湿地、有蓝天白云、有瀑布流水、有鸟语花香，但对我们居住的城市毕竟遥不可及，亲身体验机会不多。城市森林、树木及各种绿色植物对城市污染、对人居环境能够起到不同程度的缓解、改善作用，可以直接为城市所用、为城市居民所用，带给城市居民的是日积月累的好处，与居民的健康息息相关。

第二节　现代林业与生态物质文明

一、现代林业与经济建设

（一）林业推动生态经济发展的理论基础

1. 自然资本理论

自然资本理论为森林对生态经济发展产生巨大作用提供立论根基。生态经济是对 200 多年来传统发展方式的变革，它的一个重要的前提就是自然资本正在成为人类发展的主要因素，自然资本将越来越受到人类的关注，进而影响经济发展。森林资源作为可再生的资源，是重要的自然生产力，它所提供的各种产品和服务将对经济具有较大的促进作用，同时也将变得越来越稀缺。森林作为陆地生态系统中重要的光合作用载体，约占全球光合作用的 1/3，森林的利用对于经济发展具有重要的作用。

2. 生态经济理论

生态经济理论为林业作用于生态经济提供发展方针。首先，生态经济要求将自然资本的新的稀缺性作为经济过程的内生变量，要求提高自然资本的生产率以实现自然资本的节约，这给林业发展的启示是要大力提高林业本身的效率，包括森林的利用效率；其次，生态经济强调好的发展应该是在一定的物质规模情况下的社会福利的增加，森林的利用规模不是越大越好，而是具有相对的一个度，林业生产的规模也不是越大越好，关键看是不是能很合适地嵌入经济的大循环中；最后，在生态经济关注物质规模一定的情况下，物质分布需要从占有多的向占有少的流动，以达到社会的和谐，林业生产将平衡整个经济发展中的资源利用。

3. 环境经济理论

环境经济理论提高了在生态经济中发挥林业作用的可操作性。环境经济学强调当人类活动排放的废弃物超过环境容量时，为保证环境质量必须投入大量的物化劳动和活劳动。

这部分劳动已越来越成为社会生产中的必要劳动，发挥林业在生态经济中的作用越来越成为一种社会认同的事情，其社会和经济可实践性大大增加。环境经济学理论还认为，为了保障环境资源的永续利用，必须改变对环境资源无偿使用的状况，对环境资源进行计量，实行有偿使用，使社会不经济性内在化，使经济活动的环境效应能以经济信息的形式反馈到国民经济计划和核算的体系中，保证经济决策既考虑直接的近期效果，又考虑间接的长远效果。环境经济学为林业在生态经济中的作用的发挥提供了方法上的指导，具有较强的实践意义。

4. 循环经济理论

循环经济的"3R"原则① 为林业发挥作用提供了具体目标。"减量化、再利用和资源化"是循环经济理论的核心原则，具有清晰明了的理论路线，这为林业贯彻生态经济发展方针提供了具体、可行的目标。首先，林业自身是贯彻"3R"原则的主体，林业是传统经济中的重要部门，为国民经济和人民生活提供丰富的木材和非木质林产品，为造纸、建筑和装饰装潢、煤炭、车船制造、化工、食品、医药等行业提供重要的原材料，林业本身要建立循环经济体，贯彻好"3R"原则；其次，林业促进其他产业乃至整个经济系统实现"3R"原则，森林具有固碳制氧、涵养水源、保持水土、防风固沙等生态功能，为人类的生产生活提供必需的 O_2，吸收 CO_2，净化经济活动中产生的废弃物，在减缓地球温室效应、维护国土生态安全的同时，也为农业、水利、水电、旅游等国民经济部门提供着不可或缺的生态产品和服务，是循环经济发展的重要载体和推动力量，促进了整个生态经济系统实现循环经济。

（二）现代林业促进经济排放减量化

1. 林业自身排放的减量化

林业本身是生态经济体，排放到环境中的废弃物少。以森林资源为经营对象的林业第一产业是典型的生态经济体，木材的采伐剩余物可以留在森林，通过微生物的作用降解为腐殖质，重新参与到生物地球化学循环中。随着生物肥料、生物药剂的使用，初级非木质林产品生产过程中几乎不会产生对环境具有破坏作用的废弃物。林产品加工企业也是减量化排放的实践者，通过技术改革，完全可以实现木竹材的全利用，对林木的全树利用和多功能、多效益的循环高效利用，实现对自然环境排放的最小化。例如，竹材加工中竹竿可进行拉丝，梢头可以用于编织，竹下端可用于烧炭，实现了全竹利用；林浆纸一体化循环发展模式促使原本分离的林、浆、纸三个环节整合在一起，让造纸业负担起造林业的责任，自己解决木材原料的问题，发展生态造纸，形成以纸养林、以林促纸的生产格局，促进造纸企业永续经营和造纸工业的可持续发展。

---

① 指减量化（reducing），再利用（reusing）和再循环（recycling）三种原则的简称

2. 林业促进废弃物的减量化

森林吸收其他经济部门排放的废弃物，使生态环境得到保护。发挥森林对涵养水资源、调节气候等功能，为水电、水利、旅游等事业发展创造条件，实现森林和水资源的高效循环利用，减少和预防自然灾害，加快生态农业、生态旅游等事业的发展。林区功能型生态经济模式有林草模式、林药模式、林牧模式、林菌模式、林禽模式等。森林本身具有生态效益，对其他产业产生的废气、废水、废弃物具有吸附、净化和降解作用，是天然的过滤器和转化器，能将有害气体转化为新的可利用的物质，如：对 SO_2、碳氢化合物、氟化物，可通过林地微生物、树木的吸收，削减其危害程度。

林业促进其他部门减量化排放。森林替代其他材料的使用，减少了资源的消耗和环境的破坏。森林资源是一种可再生的自然资源，可以持续性地提供木材，木材等森林资源的加工利用能耗小，对环境的污染也较轻，是理想的绿色材料。木材具有可再生、可降解、可循环利用、绿色环保的独特优势，与钢材、水泥和塑料并称四大材料，木材的可降解性减少了对环境的破坏。另外，森林是一种十分重要的生物质能源，就其能源当量而言，是仅次于煤、石油、天然气的第四大能源。森林以其占陆地生物物种 50% 以上和生物质总量 70% 以上的优势而成为各国新能源开发的重点。我国生物质能资源丰富，现有木本油料林总面积超过 400 万公顷，种子含油量在 40% 以上的植物有 154 种，每年可用于发展生物质能源的生物量为 3 亿吨左右，折合标准煤约 2 亿吨。利用现有林地，还可培育能源林 1333.3 万公顷，每年可提供生物柴油 500 多万吨。大力开发利用生物质能源，有利于减少煤炭资源过度开采，对于弥补石油和天然气资源短缺、增能源总量、调整能源结构、缓解能源供应压力、保障能源安全有显著作用。

由于城市热岛增温效应加剧城市的酷热程度，致使夏季用于降温的空调消耗电能大大增加。森林发挥生态效益，在促进能源节约中发挥着显著作用。森林和湿地由于能够降低城市热岛效应，从而能够减少城市在夏季由于空调而产生的电力消耗。

（三）现代林业促进产品的再利用

1. 森林资源的再利用

森林资源本身可以循环利用。森林是物质循环和能量交换系统，可以持续地提供生态服务。森林可以通过合理的经营，能够源源不断地提供木质和非木质产品。木材采掘业的循环过程为"培育—经营—利用—再培育"，林地资源通过合理的抚育措施，可以保持生产力，经过多个轮伐期后仍然具有较强的地力。关键是确定合理的轮伐期，自法正林理论诞生开始，人类一直在探索循环利用森林，至今我国规定的采伐限额制度也是为了维护森林的可持续利用；在非木质林产品生产上也可以持续产出。森林的旅游效益也可以持续发挥，而且由于森林的林龄增加，旅游价值也持续增加，所蕴含的森林文化也在不断积淀的基础上更新发展，使森林资源成为一个从物质到文化、从生态到经济均可以持续再利用的生态产品。

2. 林产品的再利用

森林资源生产的产品都易于回收和循环利用，大多数的林产品可以持续利用。在现代人类的生产生活中，以森林为主的材料占相当大的比例，主要有原木、锯材、木制品、人造板和家具等以木材为原料的加工品、松香和橡胶及纸浆等林化产品。这些产品在技术可能的情况下都可以实现重复利用，而且重复利用期相对较长，这体现在二手家具市场发展、旧木材的利用、橡胶轮胎的回收利用等。

3. 林业促进其他产品的再利用

森林和湿地促进了其他资源的重复利用。森林具有净化水质的作用，水经过森林的过滤可以再被利用；森林具有净化空气的作用，空气经过净化可以重复变成新鲜空气；森林还具有保持水土的功能，对农田进行有效保护，使农田能够保持生产力；对矿山、河流、道路等也同时存在保护作用，使这些资源能够持续利用。湿地具有强大的降解污染功能，维持着96%的可用淡水资源，以其复杂而微妙的物理、化学和生物方式发挥着自然净化器的作用。湿地对所流入的污染物进行过滤、沉积、分解和吸附，实现污水净化。

二、现代林业与粮食安全

（一）林业保障粮食生产的生态条件

森林是农业的生态屏障，林茂才能粮丰。森林通过调节气候、保持水土、增加生物多样性等生态功能，可有效改善农业生态环境，增强农牧业抵御干旱、风沙、干热风、台风、冰雹、霜冻等自然灾害的能力，促进高产稳产。实践证明，加强农田防护林建设，是改善农业生产条件、保护基本农田、巩固和提高农业综合生产能力的基础。在我国，特别是北方地区，自然灾害严重。建立农田防护林体系，包括林网、经济林、四旁绿化和一定数量的生态片林，能有效地保证农业稳产高产。由于林木根系分布在土壤深层，不与地表的农作物争肥，并为农田防风保湿，调节局部气候，加之林中的枯枝落叶及林下微生物的理化作用，能改善土壤结构，促进土壤熟化，从而增强土壤自身的增肥功能和农田持续生产的潜力。据实验观测，农田防护林能使粮食平均增产15% ~ 20%。在山地、丘陵的中上部保留发育良好的生态林，对于山下部的农田增产也会起到促进作用。此外，森林对保护草场，保障畜牧业、渔业发展也有积极影响。

相反，森林毁坏会导致沙漠化，恶化人类粮食生产的生态条件。100多年前，恩格斯（Engels）就指出，我们不要过分陶醉于我们对自然界的胜利。对于每一次这样的胜利，自然界都报复了我们……美索不达米亚、希腊、小亚细亚及其他各地的居民为了想得到耕地，把森林都砍完了，但是他们梦想不到，这些地方今天竟因此成为荒芜不毛之地，因为他们使这些地方失去了森林，也失去了积聚和贮存水分的中心。阿尔卑斯山的意大利人，在山南坡砍光了在北坡被十分细心保护的松林。他们没有预料到，这样一来他们把他们区域里的高山畜牧业的基础给摧毁了；他们更没有预料到，他们这样做，竟使山泉在一年中的大部分时间内枯竭了，而在雨季又使更加凶猛的洪水倾泻到平原上。这种因森林破坏而导致粮食安全受到威胁的情况，在我国也一样。由于森林资源的严重破坏，我国西部及黄河中游地区水土流失、洪水、干旱和荒漠化灾害频繁发生，农业发展也受到极大制约。

（二）林业直接提供森林食品和牲畜饲料

林业可以直接生产木本粮油、食用菌等森林食品，还可为畜牧业提供饲料。我国的2.87亿公顷林地可为粮食安全做出直接贡献。经济林中相当一部分属于木本粮油、森林食品，发展经济林大有可为。经济林是我国五大林种之一，也是经济效益和生态效益结合得最好的林种。经济林已成为我国农村经济中一项短平快、效益高、潜力大的新型主导产业。我国经济林发展速度迅猛。目前，全国经济林种植面积6.71亿亩，经济林年产量2.09亿吨，产值1.59万亿元。自从我国加入WTO，实施农村产业结构战略性调整，开展退耕还林，人民生活水平不断提高，为经济林产业的大发展提供了前所未有的机遇和广阔市场前景，我国经济林产业建设将会呈现更加蓬勃发展的强劲势头。

第三节 现代林业与生态精神文明

一、现代林业与生态教育

（一）森林和湿地生态系统的实践教育作用

森林生态系统是陆地上覆盖面积最大、结构最复杂、生物多样性最丰富、功能最强大的自然生态系统，在维护自然生态平衡和国土安全中处于其他任何生态系统都无可替代的主体地位。健康、完善的森林生态系统是国家生态安全体系的重要组成部分，也是实现经济与社会可持续发展的物质基础。人类离不开森林，森林本身就是一座内容丰富的知识宝库，是人们充实生态知识、探索动植物王国奥秘、了解人与自然关系的最佳场所。森林文化是人类文明的重要内容，是人类在社会历史过程中用智慧和劳动创造的森林物质财富和精神财富综合的结晶。森林、树木、花草会分泌香气，其景观具有季相变化，还能形成色彩斑斓的奇趣现象，是人们休闲游憩、健身养生、卫生保健、科普教育、文化娱乐的场所，让人们体验"回归自然"的无穷乐趣和美好享受，这就形成了独具特色的森林文化。

湿地是重要的自然资源，具有保持水源、净化水质、蓄洪防旱、调节气候、促游造陆、减少沙尘暴等巨大生态功能，也是生物多样性富集的地区之一，保护了许多珍稀濒危野生动植物物种。

因此，在开展生态文明观教育的过程中，要以森林、湿地生态系统为教材，把森林、野生动植物、湿地和生物多样性保护作为开展生态文明观教育的重点，通过教育让人们感受到自然的美。自然美作为非人类加工和创造的自然事物之美的总和，给人类提供了美的物质素材。生态美学是一种人与自然和社会达到动态平衡、和谐一致的处于生态审美状态的崭新的生态存在论美学观。这是一种理想的审美的人生，一种"绿色的人生"，是对人类当下"非美的"生存状态的一种批判和警醒，也是对人类永久发展、世代美好生存的深切关怀，更是对人类得以美好生存的自然家园的重建。生态审美教育对于协调人与自然、社会起着重要的作用。

生态价值观要求人类把生态问题作为一个价值问题来思考，不能仅认为自然界对于人类来说只有资源价值、科研价值和审美价值，而且还有重要的生态价值。所谓生态价值是指各种自然物在生态系统中都占有一定的"生态位"，对于生态平衡的形成、发展、维护都具有不可替代的功能作用。它是不以人的意志为转移的，不依赖人类的评价，不管人类存在不存在，也不管人类的态度和偏好，它都是存在的。毕竟在人类出现之前，自然生态就已存在了。生态价值观要求人类承认自然的生态价值、尊重生态规律，不能以追求自己的利益作为唯一的出发点和动力，不能总认为自然资源是无限的、无价的和无主的，人们可以任意地享用而不对它承担任何责任，而应当视其为人类的最高价值或最重要的价值。人类作为自然生态的管理者，作为自然生态进化的引导者，义不容辞地具有维护、发展、繁荣、更新和美化地球生态系统的责任。它是从更全面、更长远的意义上深化了自然与人关系的理解。

在生态平衡观看来，包括人在内的动物、植物甚至无机物，都是生态系统里平等的一员，它们各自有着平等的生态地位，每一生态成员各自在质上的优劣、在量上的多寡，都对生态平衡起着不可或缺的作用。今天，虽然人类已经具有了无与伦比的力量优势，但在自然之网中，人与自然的关系不是敌对的、征服与被征服的关系，而是互惠互利、共生共荣的友善平等关系。自然界的一切对人类社会生活有益的存在物，如：山川草木、飞禽走兽、大地河流、空气、物蓄矿产等，都是维护人类"生命圈"的朋友。我们应当培养中小学生从小具有热爱大自然、以自然为友的生态平衡观，此外，也应在最大范围内对全社会进行自然教育，使我国的林业得到更充分的发展与保护。

（二）生态基础知识的宣传教育作用

目前，改善生态环境，促进人与自然的协调与和谐，努力开创生产发展、生活富裕和生态良好的文明发展道路，既是中国实现可持续发展的重大使命，也是新时期林业建设的重大使命。《中共中央国务院关于加快林业发展的决定》明确指出，在可持续发展中要赋予林业以重要地位，在生态建设中要赋予林业以首要地位，在西部大开发中要赋予林业以基础地位。随着国家可持续发展战略和西部大开发战略的实施，我国林业进入了一个可持续发展理论指导的新阶段。凡此种种，无不阐明了现代林业之于和谐社会建设的重要性。有鉴于此，我们必须做好相关生态知识的科普宣传工作，通过各种渠道的宣传教育，增强民族的生态意识，激发人民的生态热情，更好地促进我国生态文明建设的进展。

生态建设、生态安全、生态文明是建设山川秀美的生态文明社会的核心。生态建设是生态安全的基础，生态安全是生态文明的保障，生态文明是生态建设所追求的最终目标。生态建设，即确立以生态建设为主的林业可持续发展道路，在生态优先的前提下，坚持森林可持续经营的理念，充分发挥林业的生态、经济、社会三大效益，正确认识和处理林业与农业、牧业、水利、气象等国民经济相关部门协调发展的关系，正确认识和处理资源保护与发展、培育与利用的关系，实现可再生资源的多目标经营与可持续利用。生态安全是国家安全的重要组成部分，是维系一个国家经济社会可持续发展的基础。生态文明是可持续发展的重要标志。建立生态文明社会，就是要按照以人为本的发展观、不侵害后代人生存发展权的道德观、人与自然和谐相处的价值观，指导林业建设，弘扬森林文化，改善生态环境，实现山川秀美，推进我国物质文明和精神文明建设，使人们在思想观念、科学教育、文学艺术、人文关怀诸方面都产生新的变化，在生产方式、消费方式、生活方式等各方面构建生态文明的社会形态。

人类只有一个地球，地球生态系统的承受能力是有限的。人与自然不仅具有斗争性，而且具有同一性，必须树立人与自然和谐相处的观念。我们应该对全社会大力进行生态教育，即要教导全社会尊重与爱护自然，培养公民自觉、自律意识与平等观念，顺应生态道德规律，倡导可持续发展的生产方式、健康的生活消费方式，建立科学合理的幸福观。幸福的获得离不开良好生态环境，只有在良好生态环境中人们才能生活得幸福，所以要扩大道德的适用范围，把道德诉求扩展至人类与自然生物和自然环境的方方面面，强调生态伦理道德。生态道德教育是提高全民族的生态道德素质、生态道德意识、建设生态文明的精神依托和道德基础。只有大力培养全民族的生态道德意识，使人们对生态环境的保护转为自觉的行动，才能解决生态保护的根本问题，才能为生态文明的发展奠定坚实的基础。在强调可持续发展的今天，对于生态文明教育来说，这个内容是必不可少的。深入推进生态文化体系建设，强化全社会的生态文明观念：一要大力加强宣传教育。深化理论研究，创作一批有影响力的生态文化产品，全面深化对建设生态文明重大意义的认识。要把生态教育作为全民教育、全程教育、终身教育、基础教育的重要内容，尤其要增强领导干部的生态文明观念和未成年人的生态道德教育，使生态文明观深入人心。二要巩固和拓展生态文化阵地。加强生态文化基础设施建设，充分发挥森林公园、湿地公园、自然保护区、各种纪念林、古树名木在生态文明建设中的传播、教育功能，建设一批生态文明教育示范基地。拓展生态文化传播渠道，推进"国树""国花""国鸟"评选工作，大力宣传和评选代表各地特色的树、花、鸟，继续开展"国家森林城市"创建活动。三要发挥示范和引领作用。充分发挥林业在建设生态文明中的先锋和骨干作用。全体林业建设者都要做生态文明建设的引导者、组织者、实践者和推动者，在全社会大力倡导生态价值观、生态道德观、生态责任观、生态消费观和生态政绩观。要通过生态文化体系建设，真正发挥生态文明建设主要承担者的作用，真正为全社会牢固树立生态文明观念做出贡献。

通过生态基础知识的教育，能有效地提高全民的生态意识，激发民众爱林、护林的认同感和积极性，从而为生态文明的建设奠定良好基础。

二、现代林业与生态文化

（一）森林在生态文化中的重要作用

在生态文化建设中，除了价值观起先导作用外，还有一些重要的方面。森林就是这样一个非常重要的方面。人们把未来的文化称为"绿色文化"或"绿色文明"，未来发展要走一条"绿色道路"，这就生动地表明，森林在人类未来文化发展中是十分重要的。大家知道，森林是把太阳能转变为地球有效能量，以及这种能量流动和物质循环的总枢纽。地球上人和其他生命都靠植物，主要是森林积累的太阳能生存。这些价值没有替代物，它作为地球生命保障系统的最重要方面，与人类生存和发展有极为密切的关系。对于人类文化建设，森林的价值是多方面的、重要的，包括经济价值、生态价值、科学价值、娱乐价值、美学价值、生物多样性价值等。

无论从生态学（生命保障系统）的角度，还是从经济学（国民经济基础）的角度，森林作为地球上人和其他生物的生命线，是人和生命生存不可缺少的，没有任何代替物，具有最高的价值。森林的问题，是关系地球上人和其他生命生存和发展的大问题。在生态文化建设中，我们要热爱森林，重视森林的价值，提高森林在国民经济中的地位，建设森林，保育森林，使中华大地山常绿、水长流，沿着绿色道路走向美好的未来。

（二）现代林业体现生态文化发展内涵

生态文化是探讨和解决人与自然之间复杂关系的文化；是基于生态系统、尊重生态规律的文化；是以实现生态系统的多重价值来满足人的多重需要为目的的文化；是渗透于物质文化、制度文化和精神文化之中，体现人与自然和谐相处的生态价值观的文化。生态文化要以自然价值论为指导，建立起符合生态学原理的价值观念、思维模式、经济法则、生活方式和管理体系，实现人与自然的和谐相处及协同发展。生态文化的核心思想是人与自然和谐。现代林业强调人类与森林的和谐发展，强调以森林的多重价值来满足人类的物质、文化需要。林业的发展充分体现了生态文化发展的内涵和价值体系。

1.现代林业是传播生态文化和培养生态意识的重要阵地

牢固树立生态文明观是建设生态文明的基本要求。大力弘扬生态文化可以引领全社会普及生态科学知识，认识自然规律，树立人与自然和谐共处的社会主义核心价值观，促进社会生产方式、生活方式和消费模式的根本转变；可以强化政府部门科学决策的行为，使政府的决策有利于促进人与自然的和谐共处；可以推动科学技术不断创新发展，提高资源利用效率，促进生态环境的根本改善。生态文化是弘扬生态文明的先进文化，是建设生态文明的文化基础。林业为社会所创造的丰富的生态产品、物质产品和文化产品，为全民所共享。大力传播人与自然和谐相处的价值观，为全社会牢固树立生态文明观、推动生态文明建设发挥了重要作用。

通过自然科学与社会人文科学、自然景观与历史人文景观的有机结合，形成了林业所特有的生态文化体系，它以自然博物馆、森林博览园、野生动物园、森林与湿地国家公园、动植物及昆虫标本馆等为载体，以强烈的亲和力、丰富的知识性、趣味性和广泛的参与性为特色，寓教于乐、陶冶情操，形成了自然与人文相互交融、历史与现实相得益彰的文化形式。

2. 现代林业发展繁荣生态文化

林业是生态文化的主要源泉，是繁荣生态文化、弘扬生态文明的重要阵地。建设生态文明要求在全社会牢固树立生态文明观。森林是人类文明的摇篮，孕育了灿烂悠久、丰富多样的生态文化，如：森林文化、花文化、竹文化、茶文化、湿地文化、野生动物文化和生态旅游文化等。这些文化集中反映了人类热爱自然、与自然和谐相处的共同价值观，是弘扬生态文明的先进文化，是建设生态文明的文化基础。大力发展生态文化，可以引领全社会了解生态知识，认识自然规律，树立人与自然和谐相处的价值观。林业具有突出的文化功能，在推动全社会牢固树立生态文明观念方面发挥着关键作用。

第八章 林业生态文化建设关键技术

第一节 山地生态公益林经营技术

一、低效生态公益林改造技术

（一）低效生态公益林的类型

1. 林相残次型

因过度过频采伐或经营管理粗放而形成的残次林。例如，传统上人们常常把阔叶林当作"杂木林"看待，毫无节制地乱砍滥伐；加之近年来，阔叶林木材广泛应用于食用菌栽培、工业烧材及一些特殊的用材，使得常绿阔叶林遭受到巨大的破坏，失去原有的多功能生态效益。大部分天然阔叶林变为人工林或次生阔叶林，部分林地退化成撂荒地。

2. 林相老化型

因不适地适树或种质低劣，造林树种或保留的目的树种选择不当而形成的小老树林。例如，在楠木的造林过程中，有些生产单位急于追求林木生产，初植密度3000株以上，到20年生也不间伐，结果楠木平均胸径仅10厘米左右，很难成材，而且林相出现老龄化，林内卫生很差，林分条件亟须改善。

3. 结构简单型

因经营管理不科学形成的单层、单一树种，生态公益性能低下的低效林。

4. 自然灾害型

因病虫害、火灾等自然灾害危害形成的病残林。例如，近年来，毛竹枯梢病已成我国毛竹林产区的一种毁灭性的病害，为国内森林植物检疫对象。该病在福建省的发生较为普遍，给毛竹产区造成了极为严重的损失，使得全省范围内毛竹低效林分面积呈递增趋势，亟须合理地改造。

（二）低效生态公益林改造原则

生态公益林改造要以保护和改善生态环境、保护生物多样性为目标，坚持生态优先、因地制宜、因害设防和最佳效益等原则，宜林则林、宜草则草或是乔灌草相结合，以形成较高的生态防护效能，满足人类社会对生态、社会的需求和可持续发展。

1. 遵循自然规律，运用科学理论营造混交林

森林是一个复杂的生态系统，多树种组成、多层次结构发挥了最大的生产力；同时生物种群的多样性和适应性形成完整的食物链网络结构，使其抵御病虫危害和有害生物的能力增强，具有一定的结构和功能。生态公益林的改造应客观地反映地带性森林生物多样性的基本特征，培育近自然的、健康稳定、能持续发挥多种生态效益的森林，这是生态公益林的建设目标，是可持续经营的基础。

2. 因地制宜，适地适树，以乡土树种为主

生态公益林改造要因地制宜，按不同林种的建设要求，采用封山育林、飞播造林和人工造林相结合的技术措施；以优良乡土树种为主，合理利用外来树种，禁止使用带有森林病虫害检疫对象的种子、苗木和其他繁殖材料。

3. 以维护森林生态功能为根本目标，合理经营利用森林资源

生态公益林经营按照自然规律，分为特殊保护区、重点保护区和一般保护区三个保护等级确定经营管理制度，优化森林结构，合理安排经营管护活动，促进森林生态系统的稳定性和森林群落的正向演替。生态公益林利用以不影响其发挥森林主导功能为前提，以限制性的综合利用和非木资源利用为主，有利于森林可持续经营和资源的可持续发展。

（三）低效生态公益林改造方法

根据低效生态公益林类型的不同，而针对性地采取不同的生态公益林改造方法。通过对低效能生态公益林密度与结构进行合理调整，采用树种更替、不同配置方式、抚育间伐、封山育林等综合配套技术，促进低效能生态公益林天然更新，提高植被的水土保持、水源涵养的生态效益。

1. 补植改造

补植改造主要适用于林相残次型和结构简单型的残次林，根据林分内林隙的大小与分布特点，采用不同的补植方式。主要有：①均匀补植；②局部补植；③带状补植。

2. 封育改造

封育改造主要适用于郁闭度小于 0.5 的中幼龄针叶林分。采用定向培育的育林措施，即通过保留目的树种的幼苗、幼树，适当补植阔叶树种，培育成阔叶林或针阔混交林。

3. 综合改造

综合改造适用于林相老化型和抗御自然灾害的低效林。带状或块状伐除非适地适树树种或受害木，引进与气候条件、土壤条件相适应的树种进行造林。一次改造强度控制在蓄积的20%以内，迹地清理后进行穴状整地，整地规格和密度随树种、林种不同而异。主要有：①疏伐改造；②补植改造；③综合改造。

（四）低效生态公益林的改造技术

对需要改造的生态公益林落实好地块、确定现阶段的群落类型和所处的演替阶段、组成种类，以及其他的生态环境条件特点，如：气候、土壤等，这对下一步的改造工作具有重要的指导意义。不同的植被分区其自然条件（气候、土壤等）各不相同，因而导致植物群落发生发育的差异、树种的配置也应该有所不同，因此，要选择适合于本区的种类用于低效生态公益林的改造，并确定适宜的改造对策。而且，森林在不同的演替阶段其组成种类和层次结构是不同的。目前，需要改造的低效生态公益林主要是次生稀疏灌丛、稀疏马尾松纯林、幼林等群落，处于演替早期阶段，种类简单，层次不完整。为此，在改造过程中需要考虑群落层次各树种的配置，在配置过程中，一定要注意参照群落的演替进程来导入目的树种。

1. 树种选择

树种选择时，最好选择优良的乡土树种作为荒山绿化的先锋树种，这些树种应满足如下特点：适应性强、生长旺盛、根系发达、固土力强、冠幅大、林内枯枝落叶丰富和枯落物易于分解、耐瘠薄、抗干旱，可增加土壤养分，恢复土壤肥力，能形成疏松柔软，具有较大容水量和透水性死地被物。新造林地树种可选择枫香、马尾松、山杜英；人工促进天然更新（补植）树种可选择乌桕、火力楠、木荷、山杜英。

根据自然条件和目标功能，生态公益林可采取不同的经营措施，如：可以确定特殊保护、重点保护、一般保护三个等级的经营管理制度，合理安排管护活动，优化森林结构，促进生态系统的稳定发展。生态公益林树种一般具备各种功能特征：①涵养水源，保持水土；②防风固沙，保护农田；③吸烟滞尘，净化空气；④调节气候，改善生态小环境；⑤减少噪声，杀菌抗病；⑥固土保肥；⑦抗洪防灾；⑧保护野生动植物和生物多样性；⑨游憩观光，保健休闲等。因此，不同生态公益林，应根据其主要功能特点，选择不同的树种。

乡土阔叶林是优质的森林资源，起着涵养水源、保持水土、保护环境及维持陆地生态平衡的重大作用。乡土阔叶树种是生态公益林造林的最佳选择。目前，福建省存在生态公益林树种结构简单，纯林、针叶林多，混交林、阔叶林少，而且有相当部分林分质量较差，生态功能等级较低。生态公益林中的针叶纯林林分已面临着病虫危害严重、火险等级高、自肥能力低、保持水土效能低等危机，树种结构亟待调整。利用优良乡土阔叶树种，特别是珍贵树种对全省生态公益林进行改造套种，是进一步提高林分质量、生态功能等级和增加优质森林资源的最直接、最有效的途径。

2. 林地整地

水土保持林采取鱼鳞坑整地。鱼鳞坑为半月形坑穴，外高内低，长径 0.8 ~ 1.5 米，短径 0.5 ~ 1.0 米，埂高 0.2 ~ 0.3 米。坡面上坑与坑排列成三角形，以利蓄水保土；水源涵养林采取穴状整地，挖明穴，规格为 60 厘米 ×40 厘米 ×40 厘米，回表土。

二、生态公益林限制性利用技术

生态公益林限制性利用是指以林业可持续发展理论、森林生态经济学理论和景观生态学理论为指导，实现较为完备的森林生态体系建设目标；正确理解和协调森林生态建设与农村发展的内在关系，在取得广大林农的有力支持下，有效地保护生态公益林；通过比较完善的制度建设，大量地减少甚至完全杜绝林区不安定因素对生态公益林的破坏，积极推动农村经济发展。

（一）生态公益林限制性利用类型

1.木质利用

对于生长良好但已接近成熟年龄的生态公益林，因其随着年龄的增加，其林分的生态效益将逐渐呈下降趋势，因此应在保证其生态功能的前提下，比如：在其林下进行树种的更新，待新造树种郁闭之后，对其林分进行适当的间伐，通过采伐所得木材获得适当的经济效益，这些经济收入又可用于林分的及时更新，这样能缓解生态林建设中资金短缺的问题，逐渐形成生态林生态效益及建设利用可持续发展的局面。

2.非木质利用

非木质资源利用是在对生态公益林保护的前提下对其进行开发利用，属于限制性利用，它包含了一切行之有效的行政、经济的手段，科学的经营技术措施和相适应的政策制度保障等体系，进行森林景观开发、林下套种经济植物、绿化苗木、培育食用菌、林下养殖等复合利用模式，为山区林农脱贫致富提供一个平台，使非木质资源得到最有效的开发和保护。

（二）生态公益林限制性利用原则

1.坚持"三个有利于"的原则

生态公益林管护机制改革必须有利于生态公益林的保护管理，有利于林农权益的维护，有利于生态公益林质量的稳步提高。

2.生态优先原则

在保护的前提下，遵循"非木质利用为主，木质利用为辅"的原则，科学、合理地利用生态公益林林木林地和景观资源。实现生态效益与经济效益结合，总体效益与局部效益协调，长期效益与短期利益兼顾。

3.因地制宜原则

依据自然资源条件和特点、社会经济状况，处理好森林资源保护与合理开发利用的关系，确定限制性利用项目。根据当地生态公益林资源状况和林农对山林的依赖程度，因地制宜，确定相应的管护模式。

4.依法行事原则

要严格按照规定，在限定的区域内进行，凡涉及使用林地林木的问题，必须按有关规定、程序进行审批。坚持严格保护、科学利用的原则。生态公益林林木所有权不得买卖，林地使用权不得转让。在严格保护的前提下，依法开展生态公益林资源的经营和限制性利用。

三、重点攻关技术

生态公益林的经营是世界性的研究课题，尤其是在近年来全球环境日趋恶化的形势下，生态公益林建设更是引起了全世界的关注，被许多国家提到议事日程上。公益林建设中关键是建设资金问题，不可否认，生态公益林建设是公益性的事业，其建设资金应由政府来投入，但是由于许多国家存在着先发展经济、后发展环境的观念，生态公益林建设资金短缺十分严重。因此，有些国家开始考虑在最大限度地发挥生态公益林生态效益的前提下，在公益林上进行适当经营，以取得短期的经济效益，从而解决公益林建设的资金问题。

（一）生态公益林的经营利用模式比较分析

在保护生态公益林的前提下，寻找保护与利用的最佳结合点，开展一些林下利用试点。在方式上，要引导以非木质利用为主、采伐利用为辅的方式；在宣传导向上，要重点宣传非木质利用的前景，是今后利用的主要方向；在载体上，要产业拉动，特别是与加工企业对接，要重视科技攻关，积极探索非木质利用的途径和方法，逐步解决林下种植的种苗问题。开展生态公益林限制性利用试点，开展林下套种经济作物等非木质利用试点，探索一条在保护前提下、保护与利用相结合的路子，条件好的林区每个乡镇搞一个村的试点，其余县市选择一个村搞试点，努力探索生态林限制性利用途径。在保护资源的前提下进行开发利用，采取一切行之有效的行政、经济的手段，科学的经营技术措施和相适应的政策制度保障等体系，进行森林景观开发、林下套种经济植物、绿化苗木、培育食用菌、林下养殖等复合利用模式，为山区林农脱贫致富提供一个平台，使非木质资源得到最有效的开发和保护。

（二）生态公益林的非木质资源综合利用技术

非木质资源利用是山区资源、经济发展和摆脱贫困的必然选择，也是改善人民生产、生活条件的重要途径。非木质资源利用生产经营周期大大缩短，一般叶、花、果、草等在利用后只需一年时间的培育就能达再次利用的状态。这种短周期循环利用方式不仅能提高森林资源利用率，而且具有持续时间长、覆盖面广的特性，因此，使林区农民每年都能有稳定增长的经济收入。所以，公益林生产地应因地制宜，大力发展林、果、竹、药、草、花，开发无污染的天然保健"绿色食品"，建设各种林副产品开发基地。

建立专项技术保障体系生态公益林限制性利用技术支持系统，包括资源调查的可靠性，技术方案的可行性，实施运作过程的可控制性和后评价的客观性，贯穿试验工作全过程。由专职人员对试验全过程进行有效监控，建立资源分析档案。

非木质资源利用对服务体系的需求主要体现在科技服务体系、政策支持体系、病虫害检疫和防治体系、资源保护与控制服务体系、林产品购销服务体系等方面，这些体系在我国的广大公益林地还不够健全，尤其是山区。对非木质资源的利用带来不利因素。应结合政府机构改革，转变乡镇政府职能，更好地为林农提供信息、技术、销售等产前、产中、产后服务。加强科技人员的培训，更新知识，提高技能，增强服务意识，切实为"三农"服务。

（三）促进生态公益林植被恢复和丰富森林景观技术

森林非木质资源的限制性开发利用，使农民收入构成发生变化，由原来主要依赖木质资源的利用转化为主要依赖非木质资源的利用，对森林资源的主要组成部分——林木没有直接造成损害，因此，对森林资源及生态环境所带来的负面效应很小。而且，非木质资源的保护和利用通过各种有效措施将其对森林资源的生态环境的负面影响严格控制在可接受的限度之间，在一定程度上还可以提高生物种群结构的质量和比例的适当性、保持能量流和物质流功能的有效性、保证森林生态系统能够依靠自身的功能实现资源的良性循环与多途径利用，实现重复利用，使被过度采伐的森林得以休养生息，促进森林覆盖率、蓄积稳定增长，丰富了森林景观。而且森林非木质资源具有收益稳、持续时间长、覆盖面广的特性，为当地林农和政府增加收入，缓解生态公益林的保护压力，从而使生态公益林得以休养生息，提高森林覆盖率，丰富森林景观，维护森林生物多样性，促进森林的可持续发展。

（四）生态公益林结构调整和提高林分质量技术

一方面，通过林分改造和树种结构调整，能增加阔叶树的比例，促进生态公益林林分质量的提高，增加了森林的生态功能；另一方面，通过林下养殖及林下种植，改善了土壤结构，促进林分生长，提高了生态公益林发挥其涵养水源、保持水土的功能，使生态公益林沿着健康良性循环的轨道发展。

建立对照区多点试验。采取多点试验，就是采取比较开放的和比较保守的不同疏伐强度试验点。同时对相同的林分条件，不采取任何经营措施，建立对照点。通过试验取得更有力的科学依据，用于补充和完善常规性技术措施的不足，使林地经营发挥更好的效果。

第二节　流域与滨海湿地生态保护及恢复技术

一、流域生态保护与恢复

（一）流域生态保育技术

1. 流域天然林保护和自然保护区建设

生物多样性保护与经济持续发展密切相关。自然保护区和森林公园的建立是保护生物多样性的重要途径之一。自然保护区由于保护了天然植被及其组成的生态系统（代表性的自然生态系统，珍稀动植物的天然分布区，重要的自然风景区，水源涵养区，具有特殊意义的地质构造、地质剖面和化石产地等），对改善环境、保持水土、维持生态平衡具有重要的意义。

2. 流域监测、信息共享与发布系统平台建设

流域的综合管理和科学决策需要翔实的信息资源为支撑，以流域管理机构为依托，利用现代信息技术开发建设流域信息化平台。完善流域实时监测系统，建立跨行政区和跨部门的信息收集和共享机制，实现流域的信息互通和资源共享及提高信息资源的利用效率。

3. 流域生态补偿机制的建立

流域生态经济理论认为，流域上中下游的生态环境、经济发展和人类生存乃是一个生死与共的结构系统。它们之间经济的、政治的、文化的等各种关系，都通过生命之水源源不断的流动和地理、历史、环境、气候等的关联而紧密相连。合理布局流域上中下游产业结构和资源配置，加大对上游地区的道路、通信、能源、水电、环保等基础设施的投入，从政策、经济、科技、人才等多方面帮助上游贫困地区发展经济，脱贫致富。加强对交通、厂矿、城镇、屋宅建设的管理。实行"谁建设，谁绿化"的措施，严防水土流失。退耕还草，退耕还林，绿化荒山，保护森林。立法立规，实施"绿水工程"，对城镇的工业污水和生活污水全面实行清浊分流和集中净化处理，严禁把大江小河当作"垃圾池"和"下水道"的违法违规行为。动员全社会力量，尤其是下游发达地区政府和人民通过各种方式和各种渠道帮助上游人民发展经济和搞好环境保护。

（二）流域生态恢复

流域生态恢复的关键技术包括流域生境恢复技术、流域生物恢复技术和流域生态系统结构与功能恢复技术。

1. 流域水土流失综合治理

坚持小流域综合治理，搞好基本农田建设，保护现有耕地。因地制宜，大于25°陡坡耕地区域坚决退耕还林还草，小于15°适宜耕作区域采取坡改梯、节水灌溉、作物改良等水土保持综合措施；集中连片进行"山水田林路"统一规划和综合治理，按照优质、高产、高效、生态、安全和产业化的要求，培植和发展农村特色产业，促进农村经济结构调整，并逐步提高产业化水平。

建立水土保持监测网络及信息系统，提高遥感监测的准确性、时效性和频率，促进对水土流失发生、发展、变化机理的认识，揭示水土流失时空分布和演变的过程、特征和内在规律。指导不同水土流失区域的水土保持工作。

2. 流域生物恢复技术

流域生物恢复技术包括物种选育和培植技术、物种引入技术、物种保护技术等。不同区域、不同类型的退化生态系统具有不同的生态学过程，通过不同立地条件的调查，选择乡土树种。然后进行栽培实验，实验成功后进行推广。同时，可以引进外来树种，通过试验和研究，筛选出不同生态区适宜的优良树种，与流域树种结构调整工程相结合。

3. 流域退化生态系统恢复

研究生态系统退化就是为了更好地进行生态恢复。生态系统退化的具体过程与干扰的性质、强度和延续的时间有关。生态系统退化的根本特征是在自然胁迫或人为干扰下，结构简化、组成成分减少、物流能流受阻、平衡状态破坏、更新能力减弱，以及生态服务功能持续下降。研究包括生态系统退化类型和动因、生态系统退化机制、生态系统退化诊断与预警、退化生态系统的控制与生态恢复。

流域内的天然林进行严格的保护，退化的次生林进行更新改造，次生裸地进行常绿阔叶林快速恢复与重建。根据流域内自然和潜在植被类型，确定造林树种，主要是建群种和优势种，也包含灌木种类。

在流域生态系统恢复和重建过程中，因地制宜地营造经济林、种植药材、培养食用菌等相结合的生态林业工程，使流域的生物多样性得到保护，促进流域生态系统优化。

二、湿地生态系统保护与恢复

（一）湿地生态系统保护

由于湿地处于水陆交互作用的区域，生物种类十分丰富，仅占地球表面面积6%的湿地，却为世界上20%的生物提供了生境，特别是为濒危珍稀鸟类提供生息繁殖的基地，是众多珍稀濒危水禽完成生命周期的必经之地。

1. 湿地自然保护区建设

我国湿地处于需要抢救性保护阶段，努力扩大湿地保护面积是当前湿地保护管理工作的首要任务。建立湿地自然保护区是保护湿地的有效措施。要从抢救性保护的要求出发，按照有关法规法律，采取积极措施在适宜地区抓紧建立一批各种级别的湿地自然保护区，特别是对那些生态地位重要或受到严重破坏的自然湿地，更要果断地划定保护区域，实行严格有效的保护。

2. 湿地生态系统保护措施

一个系统的面积越大，该系统内物种的多样性和系统的稳定性越有保证。因此，增加湿地的面积是有效恢复湿地生态系统平衡的基础。严禁围地造田，对湿地周围影响和破坏湿地生境的农田要退耕还湿，恢复湿地生境，增加湿地面积。湿地入水量减少是造成湿地萎缩不可忽视的原因，水文条件成为湿地健康发展的制约因素，需要通过相关水利工程加以改善。应增加湖泊的深度和广度以扩大湖容，增加鱼的产量，增强调蓄功能；积极进行各湿地引水通道建设，以获得高质量的补充水源；加强水利工程设施的建设和维护，加固堤防，搞好上游的水土保持工作，减少泥沙淤积；恢复泛滥平原的结构和功能以利于蓄纳洪水，提供野生生物栖息地及人们户外娱乐区。

湿地保护是一项重要的生态公益事业，做好湿地保护管理工作是政府的职能。各级政府应高度重视湿地保护管理工作，在重要湿地分布区，要把湿地保护列入政府的重要议事日程，作为重要工作纳入责任范围，从法规制度、政策措施、资金投入、管理体系等方面采取有力措施，加强湿地保护管理工作。

（二）湿地生态恢复技术

湿地恢复是指通过生态技术或生态工程对退化或消失的湿地进行修复或重建，再现干扰前的结构和功能，以及相关的物理、化学和生物学特性，使其发挥应有的作用。根据湿地的构成和生态系统特征，湿地的生态恢复可概括为湿地生境恢复、湿地生物恢复和湿地生态系统结构与功能恢复三个部分。

1. 湿地生境恢复技术

湿地生境恢复的目标是通过采取各类技术措施，提高生境的异质性和稳定性。湿地生境恢复包括湿地基底恢复、湿地水状况恢复和湿地土壤恢复等。湿地的基底恢复是通过采取工程措施，维护基底的稳定性，稳定湿地面积，并对湿地的地形、地貌进行改造。基底恢复技术包括湿地基底改造技术、湿地及上游水土流失控制技术、清淤技术等。湿地水状况恢复包括湿地水文条件的恢复和湿地水环境质量的改善。水文条件的恢复通常是通过筑坝（抬高水位）、修建引水渠等水利工程措施来实现；湿地水环境质量改善技术包括污水处理技术、水体富营养化控制技术等。由于水文过程的连续性，必须严格控制水源河流的水质，加强河流上游的生态建设。土壤恢复技术包括土壤污染控制技术、土壤肥力恢复技术等。在湿地生境恢复时，进行详细的水文研究，包括地下水与湿地之间的相互关系，作为湿地需要水分饱和的土壤和洪水的水分与营养供给，在恢复与重建海岸湿地时，还需要了解潮汐的周期、台风的影响等因素；详细地监测和调查土壤，如：土壤结构、透水性和地层特点。

2.湿地生物恢复（修复）技术

湿地生物恢复（修复）技术主要包括物种选育和培植技术、物种引入技术、物种保护技术、种群动态调控技术、种群行为控制技术、群落结构优化配置与组建技术、群落演替控制与恢复技术等。在恢复与重建湿地过程中，作为第一性生产者的植被的恢复与重建是首要过程。尽管水生植物或水生植被是广域和隐域性的，但在具体操作过程中应遵循因地制宜的原则。淡水湿地恢复和重建时，主要引入挺水和漂浮植物，如：菖蒲、芦苇、灯芯草、香蒲、苔草、水芹、睡莲等。植物的种子、根茎、鳞茎、根系、幼苗和成体，甚至包括种子库的土壤，均可作为建造植被的材料。

3.生态系统结构与功能恢复技术

生态系统结构与功能恢复技术主要包括生态系统总体设计技术、生态系统构建与集成技术等。湿地生态恢复技术的研究既是湿地生态恢复研究中的重点，又是难点。

退化湿地生态系统恢复，在很大程度上须依靠各级政府和相关部门重视，切实加强对湿地保护管理工作的组织领导，强化湿地污染源的综合整治与管理，通过部门间的联合，加大执法力度。要严格控制湿地氮肥、磷肥、农药的施用量，控制畜禽养殖场废水对湿地的污染影响，大型畜禽养殖场废水要严格按有关污染物排放标准的要求达标排放，有条件的地区应推广养殖废水土地处理。

植物是人工湿地生态工程中最主要的生物净化材料，它能直接吸收利用污水中的营养物质，对水质的净化有一定作用。在人工湿地植物种类应用方面，国内外均是以水生植物类型为主，尤其是挺水植物。由于不同植物种类在营养吸收能力、根系深度、氧气释放量、生物量和抗逆性等方面存在差异，所以它们在人工湿地中的净化作用并不相同。在选择净化植物时既要考虑地带性、地域性种类，还要选择经济价值高、用途广及与湿地园林化建设相结合的种类，尽可能地做到一项投入多处收益。植物除了对污物直接吸收外，还有重要的间接作用，输送氧气，提供碳源，从而为各种微生物的活动创造有利的场所，提高工程污水的净化作用。

第三节　沿海防护林体系营建技术

一、防护林立地类型划分与评价

根据地质、地貌、土壤和林木生长等因素，在大量的外业调查资料和内业分析测算数据的基础上，运用综合生态分类方法、多用途立地评价技术，可以确定基岩海岸防护林体系建设中适地适树的主要限制因子，筛选出影响树种生长的主导因子，再建立符合不同类型海岸实际的立地分类系统，进行多用途立地质量评价，并根据立地类型的数量、面积和质量，提出与立地类型相适应的造林营林技术措施。为沿海基岩海岸防护林体系建设工程提供"适地适树"的理论依据，这将大大提高工程质量和投资效益，充分发挥土地生产潜力，并可创造出更高的经济和社会效益。

二、防护林树种选择技术

造林树种的选择必须依据两条基本原则：第一，要求造林树种的各项性状（以经济性状及效益性状为主）必须定向地符合既定的育林目标的要求，可简称为定向的原则；第二，要求造林树种的生态习性必须与造林地的立地条件相适应，可简称为适地适树的原则。这两条原则是相辅相成、缺一不可的，定向要求的森林效益是目的，适地适树是手段。人工林的生产力水平应是检验树种选择的主要指标，同时，也要考虑经济效益、生态效益和社会效益的综合满足程度。

沿海基干林带和风口沙地生境条件恶劣，属于特殊困难造林地，表现在秋冬季东北风强劲，台风频繁，海风夹带含盐细沙、盐雾，对林木有毒害作用；沙地干旱缺水、土壤贫瘠，不利于林木生长。因此，选择造林树种时，应根据生境条件的特殊性，慎重从事，其主要原则和依据是：生态条件适应性，所选择的树种要能适应地带性生态环境；经营目的性原则，要能够符合海岸带基干林带及其前沿防风固沙的防护需要以生态效益为主；对沿海强风、盐碱和干旱等主要限制性生态因子要有很强的适应性和抗御能力。

三、沿海防护林结构配置原则

（一）生态适应性原则

沿海地区立地条件复杂多样，局部地形差别极大，在考虑防护林结构配置模式时，必须根据造林区具体的风力状况、土壤条件选择与之相适应的树种进行合理搭配，以提高造林效果和防护功能。

（二）防护效益最大化原则

防护林营建的主要目的是抵御风沙危害，改善沿海生态环境。因此，防护林结构配置应以实现防护林防护效益最大化为目标，在选择配置树种时，要尽可能采用防护功能强的树种，并在迎风面按树种防护功能强弱和生长快慢顺序进行混交，促进防护林带早成林和防护效益早发挥。

（三）种间关系相互协调原则

不同树种有其各自的生物学和生态学特性，在选择不同树种混交造林时，要充分考虑树种间的关系，尽量选用阳性—耐阴性、浅根—深根型等共生性树种混交配置，以确保种间关系协调。

（四）防护效益优先、经济效益兼顾原则

沿海防护林体系建设属于生态系统工程，在防护林树种选择和结构配置上，必须优先考虑生态防护效益，但还要兼顾经济效益，以充分调动林农积极性，实行多树种、多林种和多种经营模式的有效结合。特别在基干林带内侧后沿重视林农、林果和林渔等优化配置，在保证生态功能持续稳定发挥的同时，增加防护林保护下发展农作物、果树、畜牧和水产养殖的产量和经济收益。

（五）景观多样性原则

不同树种形体各异，叶、花、果和色彩等均存在差异性，防护林结构配置在保证防护功能的前提下，需要充分考虑树种搭配在视觉上协调和美感，增强人工林景观的多样性和复杂性，有利于促进森林旅游，提高当地旅游收入和带动其他行业发展。

第四节　城市森林与城镇人居环境建设技术

一、城市森林道路林网建设与树种配置技术

（一）城市道路景观的林带配置模式

城市道路景观的植物配置首先要服从交通安全的需要，能有效地协助组织车流、人流的集散，同时，兼顾改善城市生态环境及美化城市的作用。在树种配置上应充分利用土地，在不影响交通安全的情况下，尽量做到乔灌草的合理配置，充分利用乡土树种，展现不同城市的地域特色。

城乡绿色通道主要包括国道、省道、高速公路及铁路等，城乡绿色通道由于道路较宽、交通流量大，树种配置时主要考虑滞尘、降低噪声的生态防护功能，兼顾美观效果。树种配置时应采用常绿乔木、亚乔木、灌木、地被复式结构为主，注意乔、灌、花、草的互相搭配，形成立体景观效应，增强综合生态效益。交通线两边的山体斜坡或护坡，也可种上草或藤，有些地方还可以种上乔、藤、花等。

（二）城市森林水系林网建设与树种配置技术

1. 市级河道景观生态林模式

市级河道两岸是城市居民休闲娱乐的场所，在景观林带设计上应将其生态功能与景观功能相结合，树种配置上除了考虑群落的防护功能外，还应选择观赏性较强的或具有一定文化内涵的植物，以形成一定的景观效果。每侧宽度应根据实际情况，一般应保持20～30米，宜宽则宽，局部可建沿河休闲广场，为城市居民提供良好的休闲场所。

2. 区县级河道生态景观林模式

区县级河道主要是生态防护功能，兼顾景观功能和经济功能。在树种配置上以复层群落配置营造混交林，形成异龄林复层多种植物混交的林带结构，充分发挥河道林带的生态功能。同时，根据河道两岸不同的景观特色，进行不同的植物配置，营造不同的景观风格。河道宽度一般控制在10～20米，根据河道两岸实际情况，林带宜宽则宽，宜窄则窄。

（三）城市森林隔离防护林带配置模式

1. 工厂防污林带的配置模式

该模式主要针对具有污染性的工厂而建设污染隔离防护林，防止污染物扩散，同时兼顾吸收污染物的作用。根据不同工业污染源的污染物种类和污染程度，选择具有抗污吸污的树种进行合理配置。

2. 沿海城市防护林带的配置模式

城市防护林不但为城市区域经济发展提供庇护与保障，而且在环境保护、提高市民经济收入和风景游憩功能等方面发挥重要的作用。城市防护林应充分考虑其防御风沙、保持水土、涵养水源、保护生物多样性等生态效应，建立多林种、多树种、多层次的合理结构。在防护林的带宽、带距、疏透度方面，应根据城市特点、地理条件来确定，一般林带由三带、四带、五带等组合形式组成。城市防护林树种选择时，要根据树种特性，充分考虑区域的自然、地理、气候等因素，因地制宜地进行合理的配置。

二、城市森林核心林地（片林）构建技术

（一）风景观赏型森林景观模式

该模式以满足人们视觉上的感官需求，发挥森林景观的观赏价值和游憩价值。风景观赏型森林景观营造要全面考虑地形变化的因素，既要体现景象空间微观的景色效果，也要有不同视距和不同高度宏观的景观效应，充分利用现有森林资源和天然景观，尽量做到遍地林木阴郁，层林尽染。在树种组合上要充分发挥树种在水平方向和垂直方向上的结构变

化，体现由不同树种有机组成的植物群体呈现出多姿多彩的林相及季相变化，显得自然而生动活泼。在立地条件差、土壤瘠薄的区域，可选择速生性强、耐瘠薄、耐旱涝和根系发达的树种。

（二）休息游乐型森林景观模式

该模式以满足人们休息娱乐为目的，充分利用植物能够分泌和挥发有益的物质，合理配置林相结构，形成一定的生态结构，满足人们森林保健、健身或休闲野营等需求，从而达到增强身心健康的目的。

（三）文化展示型森林景观模式

该模式在植物群落建设同时强调意与形的统一，情与景的交融，利用植物寓意联想来创造美的意境，寄托感情，形成文化展示林，提高生态休闲的文化内涵，提升城市森林的品位。如：利用优美的树枝：苍劲的古松，象征坚韧不拔；青翠的竹丛，象征挺拔、虚心劲节；傲霜的梅花，象征不怕困难、无所畏惧。利用植物的芳名：金桂、玉兰、牡丹、海棠组合，象征"金玉满堂"；桃花、李花象征"桃李满天下"；桂花、杏花象征富贵、幸福；合欢花象征阖家欢乐。利用丰富的色彩：色叶木引起秋的联想，白花象征宁静柔和，黄花朴素，红花欢快热烈，等等。在地域特色上，通过市花市树的应用，展示区域的文化内涵。如：厦门的凤凰木、三角梅，福州的榕树、茉莉花，泉州的刺桐树、含笑花，莆田的荔枝树、月季花，龙岩的樟树、茶花和兰花，漳州的水仙花，三明的黄花槐、红花紫荆与迎春花，等等。

三、城市广场、公园、居住区及立体绿化技术

（一）城市广场绿化树种选择与配置技术

城市广场绿化可以调节温度和湿度、吸收烟尘、降低噪声和减少太阳辐射等。铺设草坪是广场绿化运用最普遍的手法之一，可以在较短的时间内较好地实现绿化目的。广场草坪一般要选用多年生矮小的草本植物进行密植，经修剪形成平整的人工草地。选用的草本植物要具有个体小、枝叶紧密、生长快、耐修剪、适应性强、易成活等特点，常用的草种植物有假俭草、地毯草、狗牙根、马尼拉草、中华结缕草、沿阶草。广场花坛、花池是广场绿化的造景要素，应用彩叶地被灌木树种进行绿化，可以给广场的平面、立体形态增加变化，常见的形式有花带、花台、花钵及花坛组合等，其布置灵活多变。

（二）公园绿化树种选择与配置技术

城市公园生态环境系统是一个人工化的环境系统，是以原有的自然山水和森林植物群落为依托，经人们的加工提炼和艺术概括，高度浓缩和再现原有的自然环境，供城市居民娱乐游憩、生活消费。植物景观营造必须从其综合的功能要求出发，具备科学性与艺术性两个方面的高度统一，既要满足植物与环境在生态适应上的统一，又要通过艺术构图原理体现出植物个体及群体的形式美及人们在欣赏时所产生的意境美。树种配置主要是模拟和借鉴野外植物群落的组成，源于自然又高于自然，利用国内外先进的生态园林建设理念，进行详尽的规划设计，多选用乡土树种，富有创造性地营造稳定生长的植物群落。

营建滨水区的植物群落特色，利用自然或人工的水环境，从水生植物逐渐过渡到陆生植物形成湿生植物带，植物、动物与水体相映成趣，和谐统一。由于水岸潮间带是野生动植物的理想栖息地，能形成稳定的自然生态系统，是城市中的最佳人居环境。

利用地形地貌营造的植物群落，依地形而建的植物群落易成主景，利用本土树种、野生植物、岩生植物、旱生植物进行风景林相改造，营造出层次丰富、物种丰富的山地植物群落。

以草坪和丛林为主的植物群落，大草坪做衬底，花境做林缘线，丛林构成高低起伏的天际线，中间层简洁，整个群落轮廓清楚、过渡自然、层次分明、观赏性强，人们可以在群落内游憩，这类植物群落可以在广场绿地、休闲绿地等中心绿地广为应用。

以中小乔木为主突出季相变化的小型植物群落，乔木层结构简单，灌木层丰富，以大花乔木和落叶乔木为主，搭配大量灌木、观叶植物、花卉地被，突出植物造景，这类植物群落可用于街头绿地、建筑广场、道路隔离带等小型绿地。

以高大乔木为主结构复杂的植物群落，借鉴和模拟热带和亚热带原始植物群落景观，上层选用高大阳性乔木，二层、三层为半阴性中小乔木和大藤本，灌木层由耐阴观叶植物、藤灌、小树组成，地被为耐强阴的草本、蔓性地被，在树枝上挂着附生植物，这类植物群落适宜在城市中心绿地、道路两侧绿化带等城市之"肺"上营造。

以棕榈科植物为主的植物群落，以高大的棕榈树高低错落组合形成群落主体，群落中间配置丛生及藤本棕榈植物，增强群落层次，底层选用花卉、半阴性地被、草皮来衬托棕榈植物优美的树形。

（三）居住区与单位庭院树种配置模式

居住区与单位是人们生活和工作的场所。为了更好地创造出舒适和优美的生活环境，在树种配置时应注意空间和景观的多样性，以植物造园为主进行合理布局，做到不同季节、时间都有景可观，并能有效组织分隔空间，充分发挥生态、景观和使用三个方面的综合效用。

1. 公共绿地

公共绿地为居民工作和生活提供良好的生态环境，功能上应满足不同年龄段人群休息、交往和娱乐的需要，并有利于居民身心健康。树种配置时应充分利用植物来划分功能区和景观，使植物景观的意境和功能区的作用相一致。在布局上应根据原有地形、绿地、周围环境进行布局，采用规则式、自然式、混合式布置形式。由于公共绿地面积较小，布置紧凑，各功能分区或景观间的节奏变化较快，因而在植物选择上也应及时转换，符合功能或景区的要求。植物选择上不应具有带刺的或有毒、有臭味的树木，而应利用一些香花植物进行配置，形成特色。

2. 中心游园

居住小区中心游园是为居民提供活动休息的场所，因而在植物配置上要求精心、细致和耐用。以植物造景为主，考虑四季景观，如：体现春景可种植垂柳、白玉兰、迎春、连翘、海棠、碧桃等，使得春日时节，杨柳青青，春花灼灼；而在夏园，则宜选用台湾栾树、凤凰木、合欢、木槿、石榴、凌霄、蜀葵等，炎炎夏日，绿树成荫，繁花似锦；秋园可种植柿树、红枫、紫薇、黄栌，层林尽染，硕果累累；冬有蜡梅、罗汉松、龙柏、松柏，苍松翠柏，从而形成丰富的季相景观，使全年都能欣赏到不同的景色。同时，还要因地制宜地设置花坛、花境、花台、花架、花钵等植物应用形式，为人们休息、游玩创造良好的条件。

3. 宅旁组团绿地

宅旁组团绿地是结合居住区不同建筑组群的组成而形成的绿化空间，在植物配置时要考虑到居民的生理和心理的需要，利用植物围合空间，尽可能地植草种花，形成春花、夏绿、秋色、冬姿的美好景观。在住宅向阳的一侧，应种落叶乔木，以利夏季遮阴和冬季采光，但应在窗外5米处栽植，注意不要栽植常绿乔木。在住宅北侧，应选用耐阴花灌木及草坪，如：大叶棕竹、散尾葵、珍珠梅、绣球花等。为防止西晒，东西两侧可种植攀缘植物或高大落叶乔木，如：五叶地锦、炮仗花、凌霄花、爬山虎、木棉等，墙基角隅可种植低矮的植物，使垂直的建筑墙体与水平的地面之间以绿色植物为过渡，如：佛肚竹、鱼尾葵、满天星、铺地柏、棕竹、凤尾竹等，使其显得生动活泼。

4. 专用绿地

各种公共建筑的专用绿地要符合不同的功能要求，并和整个居住区的绿地综合起来考虑，使之成为有机整体。托儿所等地的植物选择宜多样化，多种植树形优美、少病虫害、色彩鲜艳、季相变化明显的植物，使环境丰富多彩，气氛活泼；老年人活动区域附近则须营造一个清静、雅致的环境，注重休憩、遮阴要求，空间相对较为封闭；医院区域内，重点选择具有杀菌功能的松柏类植物；而工厂重点污染区，则应根据污染类型有针对性地选择适宜的抗污染植物，建立合理的植被群落。

（四）城市立体绿化模式

城市森林不仅是为了美化环境，更重要的是改善城市生态环境。随着城市社会经济高速发展，城区内林地与建筑用地的矛盾日益突出。因此，发展垂直绿化是提高城市绿地"三维量"的有效途径之一，能够充分利用空间，达到绿化、美化的目的。在尽可能挖掘城市林地资源的前提下，通过高架垂直绿化、屋顶绿化、墙面栏杆垂直绿化、窗台绿化、檐口绿化等占地少或不占地而效果显著的立体绿化形式，构筑具有南亚热带地域特色的立体绿色生态系统，提高绿视率，最大限度地发挥植物的生态效益。垂直绿化是通过攀缘植物去实现，攀缘植物具有柔软的攀缘茎，以缠绕、攀缘、钩附、吸附四种方式依附其上。

第九章 林业现代化建设中的防沙治沙实用技术

第一节 植物防沙治沙概述

一、常规固沙造林技术

（一）播种固沙造林技术

直播是用种子做材料，直接播于沙地建立植被的方法。直播技术在干旱风沙区有很多的困难，因而成功的概率相对更低。这是由于：①种子萌发需要足够的水分，但在干沙地通过播种深度调节土壤水分的作用却很小，覆土过深难以出苗，适于出苗的播种深度其沙土极易干燥。②由于播种覆土浅，风蚀沙埋对种子和幼苗的危害比植苗更严重，且播下的种子也易受鼠虫鸟的危害。然而，直播成功的可能性还是存在的，沙漠地区的几百种植物绝大部分是由种子繁殖形成的。一些国家在荒漠、半荒漠地直播燕麦、梭梭成功的事例也不少。我国也有在草原带沙区直播花棒、杨柴、锦鸡儿、沙蒿，在半荒漠地直播沙拐枣、梭梭成功的事例。鸟兽虫病的危害从技术上讲也是可以加以控制的。直播有许多优点，如：直播施工远比栽植过程简单，有利于大面积植被建设。直播还省去了烦琐的育苗环节，大大降低了成本；直播苗根系未受损伤，发芽生长开始就在沙地上，不存在缓苗期，适应性强，尤其在自然条件较优越的沙地，直播建设植被是一项成本低、收效大的技术。

（二）植苗固沙造林技术

植苗（即栽植）是以苗木为材料进行植被建设的方法。由于苗木种类不同，植苗可分为一般苗木、容器苗、大苗深栽三种方法。此处只讨论一般苗木栽植固沙方法。由于苗木具有完整的根系，有健壮的地上部分，因此适应性和抗性较强，是沙地植被建设应用最广泛的方法。但从播种育苗、起苗、假植、运输到栽植，工序多，苗根易受损伤或劈裂，也易风吹日晒使苗木特别是根系失水，栽植后须较长缓苗期，各道工序质量也不易控制，大面积造林问题更为严重，常常影响成活率、保存率、生长量。因此，要十分重视植苗固沙造林的技术质量要求。

（三）扦插固沙造林技术

很多植物的根、茎、枝等可以繁殖新个体。如：插条、插干、埋干、分根、分蘖、地下茎等。在沙区植被建设中，群众采用上述多种培育方法，其中适用较广、效果较大的是插条、插干造林，简称扦插造林。

扦插方法简单，便于推广，植物生长迅速，固沙作用大；就地取材，不必培育苗木。适于扦插造林的植物是营养繁殖力强的植物，沙区主要是杨、柳、黄柳、沙柳、柽柳、花棒、杨柴等。尽管植物种类不多，但在植被建设中作用很大。沙区大面积黄柳、沙柳、高干造林，全是靠扦插发展起来的。

二、飞播、喷播、容器苗固沙造林法

飞机播种造林种草恢复植被是治理风蚀荒漠化土地的重要措施，也是绿化荒山荒坡的有效手段。飞机播种已经取得了很好的效益，正在大面积推广。根据我国飞播实践，证明飞播是固定流沙、绿化荒沙的有效途径。我国风沙区类型复杂，气候多变，立地条件不同，每个植物种对环境条件都有特殊的要求，不同生态区域飞播固沙技术也不一样。

（一）喷播固沙技术

液体喷播固沙技术是适合于干旱、半干旱地区对已受损生态环境恢复的一项绿化技术。喷播材料主要由城市垃圾、石膏和高技术的保水剂、生长剂及黏合剂组成。喷播固沙技术是化学固沙技术的延伸，和植物种子伴同使用。同时，喷播固沙技术解决了立即固沙与快速绿化之间的生态矛盾。

液体喷播固沙技术目前多应用于道路沿线的绿化、美化；同时与防风固沙技术相结合，对我国道路建设和沙区生态环境建设产生影响。

（二）固沙造林技术

1. 容器育苗的应用条件

容器育苗即用能够盛装营养土的容器进行育苗，所使用的容器有营养杯、营养袋等。容器育苗克服了从起苗到移栽过程中的苗根裸露和失水太多的缺点，因而育苗周期短，苗木质量和移栽成活率高。为干旱、瘠薄地区育苗带来了可能。适宜容器育苗的树种主要是针叶树种、栽植较难成活的树种和种源欠缺的树种等。适宜采用容器育苗造林的地区主要在生长期较短的寒冷、干旱地区，以及瘠薄的石质山地和不便整地的地方。

2. 容器育苗的技术要点

（1）选择容器

根据树种特性和材料来源选择容器。容器制作所用的材料有黏土、泥炭、纸、纸浆、塑料等。容器规格常用高和直径表示，塑料容器可达 20 厘米 × 12 厘米，要根据苗木种类、速生性、根系生长特点及培育时间加以选择，要适合苗木生长，又不要占地太多。即在保证苗木生长的前提下，尽量用较小的规格，一般用（8厘米～20厘米）×（4厘米～12厘米）。如：培育针叶树苗木，2个～3个月生长期选用10厘米×6厘米左右的容器，若培育阔叶树苗木则规格可适当加大，可用15厘米×10厘米左右的容器。

（2）配制营养土与施肥

容器育苗一般以泥炭和蛭石的混合物配制营养土，高质量的营养土应具备保水、通气好、无病虫、不易板结和营养丰富等特点。培养基质以泥炭和蛭石的混合物为最好，也可以用珍珠岩、表土和堆肥等材料。

（3）育苗前的准备工作

首先应当选择无病虫害、交通方便的地块进行育苗。营养土混匀后，堆放3～5天再装入容器中。容器摆放分上床和下床两种。上床：土地整平，铺2～3厘米粗沙，防止幼苗根系进入土中，适宜地势低洼、温度低的地方采用。下床：苗床为低床，整平后摆放容器，保墒效果好，适宜土壤干燥又不能引水灌溉的地方采用。

（4）播种和扦插

容器灌水后，将经过适当处理和催芽的种子播入容器，一般每个容器3～8粒。播后覆细土，再盖一层细沙，覆土比一般苗圃要薄，不超过1厘米。若扦插育苗，应将处理后的插穗插入容器，将容器紧密排列在育苗地中。

（5）容器育苗的管理

播种后，可以用草或塑料薄膜覆盖，防止水分蒸发。容器育苗要经常灌溉，保持湿润。追肥常结合灌水同时进行，根外追肥效果较好。每隔15～20天喷0.2%的尿素或过磷酸钾、过磷酸钙等。每个容器只留一棵苗，将多余的幼苗间去。病虫害的防治同一般育苗。

近年来，育苗容器多用黑塑料袋、硬塑料容器。一般容器规格多为高12厘米～20厘米，粗5～9厘米，育苗材料多用消毒腐殖土和有机肥。对付恶劣环境，容器苗规格应比常规苗大些，小苗造林容易失败。单株苗木干重应在500毫克以上，必须形成发达根系并完全木质化。

三、沙地植被保护与恢复

（一）封育

1. 封育的科学意义

封沙育林育草是在原有植被遭到破坏或有条件生长植被的地段，或有天然下种或有残株萌蘖苗、根茎芽苗的沙地实行封禁。采用一定的保护措施（设置围栏），建立必要的保护组织（护林站），把一定面积的地段封禁起来，严禁人畜破坏，给植物以繁衍生息的时间，逐步恢复天然植被，达到防治沙害的目的。

封沙育林育草的面积大小与位置要考虑需要与可能，封育时间的长短要看植被恢复的情况。封育要重视时效性，封育区必须有植物生长的条件，有种子传播、残存植株、幼苗、萌芽、根蘖植物的存在，在新疆的南疆要有夏洪与种子同步的条件等。确实不具备植物生长条件时，则植物难以恢复。在以往植被遭到大面积破坏，或存在植物生长条件、附近有种子传播的广大地区，都可以考虑采取封育恢复植被的措施以改善生态环境。封育不仅可以固定部分流沙地，更可以恢复大面积因植被破坏而衰退的林草地，尤其是因过牧而沙化、退化的牧场。因此，这一技术在恢复建设植被方面有重要意义。

2.封育方法

在设计时，对采用哪种封育类型，具体的封育范围、起止界限、面积，管护人员的配备，投资数量和来源，收益分配办法等，都要充分发扬民主，由群众充分讨论决定后，再正式公布执行。

封育的规模，应根据当地的实际情况，相对集中连片，才便于管护。封育的组织形式要从实际出发，尊重群众的意愿，可以乡、村或村民小组为单位，也可以由乡与乡、村与村、组与组，以及由自然村联合起来进行。目前，在群众多以家庭为单位经营自留地和责任地的形势下，应注意提倡自愿组合，实行联户封育的办法。

为了防止家畜进入封育区，最好有一定的保护措施。保护措施的采用要因地制宜，简单易行，牢固耐用。当前我国采取的保护措施主要有：拉刺丝网栏、建立围栏、挖防畜沟、围篱笆、筑土墙、垒石墙等。在当前畜草双承包的条件下，如果能很好地看管和保护，不搞围栏同样可以达到草场封育的目的。

（二）草库伦

草库伦是我国牧民在建设草原中的一项创举。草库伦在最初阶段是作为防止草地退化、恢复草原生产力而采取的一种措施，对抗灾保畜起了很大的作用。但是随着畜牧业生产的发展，牲畜数量的增多，冬、春饲草不足的现象更为突出，为此，草库伦只作为封育备荒已不能满足当前的要求。于是，便由封育草库伦进入建设性草库伦，即进入种草、水利和林网综合建设的新阶段。

（三）沙地草场的改良、人工草地和饲料林建设

1.沙地草场改良的意义

沙地草场改良的目的在于改善土壤结构和通气状况，调节土壤水分，补充牧草生长发育所需的养料，使土壤的水、肥、气、热比例适当，土壤肥力提高，进而提高草地的生产能力，改善牧草的种类、品质。

已退化、沙化的草场，通常是草场的环境条件恶化，植被稀疏，生产力不高，饲料品质低劣，难以满足牲畜对饲料的要求。所以，可以根据草场退化的程度、自然条件和经济上的可能性，采用适当的草场培育改良措施，使草场从根本上改变退化的局面，保护草场

畜牧业生产的良性循环。

2. 草场改良的方法

在草场改良中，普遍采用两种方法，即治标改良和治本改良。

（1）治标改良

治标改良是在不改变草场草被的条件下采取一些农业技术措施，以达到提高草场产量和质量的改良方法。这种不经过翻耕、播种改良草场的方法又称作表面或简单改良。

草场的治标改良，主要通过地面清理和平整，调节和改善草场的环境条件，科学地管理和正确、合理地利用人工补播、封育等措施，逐渐达到培育改良草场的目的。

（2）治本改良

治本改良是将天然草场全部翻耕，并根据地区草场生态条件的客观实际，建立以优良牧草或私用灌木、半灌木为主的人工草场的方法。它是一种比较彻底的改良方法，但要求技术条件高，花费大，需劳力多。在干旱地区，若经营管理不当，反而会产生不良的后果。

在风大沙多、干旱少雨，但有防沙保护措施和灌溉条件的沙区，可建立以优良豆科、禾本科牧草为主的人工草场。在风沙危害较重、缺乏灌水条件的干旱地区，可以采用带状翻耕，种植以高产、优质饲用灌木、半灌木为主的木本饲草地。在植物种类的选择上，不仅要求高产、优质，而且还必须具备抗风沙、耐瘠薄、抗旱、耐盐碱、抗严寒、耐沙表高温、生长迅速、分枝多、萌蘖性强等特性。

无论是治标改良还是治本改良，都应与草场的合理利用和科学管理结合起来。否则，一边进行改良，一边由于利用不当而造成草场破坏，致使改良工作收效不大，也不能持久。

（3）人工草地和饲料林建设

人工饲料地是根据饲用植物的特征，采用翻耕、播种的方法，建立稳产、高产人工植被的一项行之有效的措施。人工饲草、饲料地较天然草场具有很大的优越性，人工草地在先进的农业技术条件下，一般较天然草场生产力高 5 ~ 8 倍。就是在干旱的荒漠地带，人工播种的灌木和蒿属植物，也可提高生产力 1 ~ 3 倍。我国大量实践证明，人工种植的饲草地可以大幅度地提高草场的生产能力。

第二节 沙地造林种草技术

一、沙地乔木造林技术

（一）胡杨育苗、造林技术

胡杨育苗用排水良好的沙壤土条播或撒播，覆以沙土，深度以似见非见种子为宜，最深不过 2 厘米。播种 10 天内每天浅灌一次，保证湿润的床面以利于发芽。

由于胡杨营养繁殖能力强，能从根部不定芽萌发根蘖形成新株，所以胡杨也可以采用根蘖法繁殖。采用断根的方法，促进根系产生根蘖苗。

轻盐碱地，在水分充足的条件下，可采用直播造林。直播造林方法与垄床育苗方法相同。造林当年秋季落叶后或翌年春天萌芽前，按 1 米 ×1 米的株行距选留壮苗。幼林生长 3 ~ 5 年后，进行间伐。

干旱、盐碱和杂草多的造林地，多用植苗造林。常用沟植和穴植法春季造林，造林密度以株行距 1 米 ×1.5 ~ 2 米为宜，造林后经常浇水是保证成活的关键。据新疆林业科学研究所的调查材料表明，胡杨、柽柳混交林，可以减轻土壤盐碱程度，增强胡杨的适应能力。

（二）沙枣育苗、造林技术

沙枣以种子繁殖为主，湿润地区亦可以扦插。沙枣种子千粒重 250 ~ 380 克，出芽率为 46% ~ 57%，种子应在干燥通风的室内贮藏。春季播种时，种子需要经催芽处理。育沙枣苗也可在秋季播种。秋季播种减少催芽工序，提高苗木质量，但种子在地里时间长，容易遭受鼠害，影响苗木质量。春季播种时间不宜过早，3 月中旬至 4 月下旬播种。生产上多采用春播，不论秋播或春播，均采用宽幅条播，播幅 8 ~ 10 厘米，行距 20 厘米，覆土 3 ~ 4 厘米。

林方法多用植苗或插干。春秋季节造林均可，但以春季为好。

在无灌溉地区，宜选择地下水位高、盐渍化轻的沙壤土，以生长芦苇、冰草、白草、甘草、野青茅、马绊肠、刺儿菜等的土壤最好。在风沙区的流沙地也可造林，重盐土、光板地、露沙地、黏土等不宜选择。沙枣造林时，可与小叶杨、白榆、洋槐、紫穗槐混交。为了提前郁闭，造林可用株行距皆为 1 米的密度，4 ~ 5 年后隔行间伐，使行距增加为 2 米。在水分条件好的地方，可插干造林，成活率也高。

沙枣侧枝横生，不宜形成直立主枝干，影响林分质量。因此，很多地方多作为防护林而不作为用材林。但如加强修枝抚育，仍可培育为较好的木材。据资料记载，3 年生幼林，在冬季修枝达高 1/2 的情况下，其增高生长达 10%，胸径生长更为显著。

（三）河北杨育苗、造林技术

常用扦插或播种育苗。压条、嫁接、实生苗和分株法繁殖均可。

1. 播种育苗

陕北地区河北杨尚未发现雄株，个别雌株上发现开有极个别的雄花，保护并得到种子后，用它播种即可得到雄株。建立采种基地，收获大量种子进行播种育苗。

2. 扦插

延安林科所的扦插试验表明，以种条中下部为插穗，用萘乙酸 100 毫克 / 千克浸泡种条 6 ~ 8 天，成活率最高。大棚内成活率可达 80% ~ 90%，塑料小棚内成活率可达 70%。榆林地区采用小拱棚育苗，用萘乙酸 250 毫克 / 千克蘸浆，阳畦催根，成活率达 80% 以上，地膜育苗成活率一般为 60% ~ 80%。

3. 嫁接繁殖

河北杨可采用嫁接繁殖，砧木用小叶杨平茬苗、一年生合作杨的扦插苗，插穗选用一二年生河北杨根蘖苗。芽接、劈接皆可，合作杨作砧木成活率为 90%，小叶杨成活率 76%，健杨则不能扦插。河北杨嫁接苗采用垄作和培土可促进苗干接穗部位生根。其嫁接苗存活率为 90%，8 年生幼苗平均高 6.8 米，平均胸径 9.4 厘米，生有大量根蘖苗。河北杨嫁接育苗，从雄株上采取接芽，嫁接在母树上可解决它不结实的问题，依靠其他杨作砧木可解决插条不易生根的问题。

4. 根蘖繁殖

目前生产上惯用的根蘖繁殖法，即选择地势平坦、土壤疏松肥沃，立木生长健壮，密度较小，郁闭度为 0.5 左右的 10 ~ 20 年生的林分作为母树林，于秋末或早春将林地全面松土一次，深 20 厘米左右，切断或挖伤树根，但不要使断根翻出地面，一年后的春季，便可萌生许多幼苗，经过细致管理，就能获得河北杨壮苗。

河北杨根蘖能力极强。在黄土丘陵区的荒坡及风沙区的落沙坡，一旦立足之后，便可串根成林，故有"串杨""印杨""混杨"之称。河北杨串根成林的特点，对水土流失区营造护坡林或沟头防蚀林有重要意义。造林密度可适当小些，在严格封育条件下，让它印串成林，是多快好省绿化荒山荒坡的方法。河北杨是杨树中宜于荒山荒坡大面积造林的先锋树种。

（四）二白杨育苗、造林技术

二白杨主要用扦插育苗，育苗地选择排水良好、土壤肥沃的地方。育苗前，施入基肥，进行细致整地。在轻盐碱地上，也可育苗。重盐碱地则不可。春季土壤解冻后，选用一年生苗干，剪成长 17 ~ 25 厘米，粗 0.6 ~ 1.5 厘米的插穗进行直插。插后及时灌水，防止地下害虫对幼苗的危害。苗木速生期间，加强水肥管理，及时中耕除草、防止病虫害。当年苗可高 1.4 ~ 2.5 米，地径 1.7 ~ 2 米。次春可挖苗造林。

造林以植苗造林为主，在土壤水分较好的条件下，也可插干造林。造林多于春季解冻后进行。插干造林，多用长 1.5 ~ 2 米、小头直径 2 厘米左右的枝干，栽植深度为 0.7 ~ 1 米，上露 0.5 ~ 1 米。栽后踏实、灌溉，封成土堆。

二白杨造林后，应及时中耕除草、防治病虫害。有条件的地方可灌溉几次，更利于促进苗木的迅速生长。同时，注意及时抹芽、修枝，保证树干通直向上生长。

二、沙地灌木造林技术

（一）梭梭

梭梭育苗，早春解冻可抢墒条播，未灌冻水的土壤在春季整地灌水，条距25厘米，覆土厚0.5厘米，每亩用种量2千克。为防止根腐病和白粉病，播种前用赛力散和六六六拌种，播后尽可能不灌水，经常松土，以防止根腐死亡，一年生苗达50厘米以上时就可起苗栽植，起苗在秋季落叶后早进行，栽植于翌年春季清明前后进行。在冬季风小有积雪的地区（如准噶尔盆地）直播造林，可在冬季1、2月融雪前播种，春播适宜时间为3月，趁风力弱、土壤含水量高时播种，较易成活。直播梭梭不必覆土，播后盖少量细沙，即可发芽。播种后梭梭死亡率较大，应适当增加播种量。经验为去翅种子每亩播0.14千克，未去翅种子播0.4千克较为适宜。

（二）白梭梭

白梭梭风干去翅的种子千粒重4克左右，一般条件可以贮藏半年，9个月后，则完全丧失生命力。育苗圃地应为盐碱轻，地下水位低，便于排水，有林带和沙障庇护的沙土或沙质壤土作平床或高床，早春或秋季每公顷条播或撒播须去翅的种子37.5千克，播后覆土不宜过厚，应在0.5厘米左右，浇透水。种子发芽能力强，最适的发芽温度为20℃～25℃，播前不必催芽处理，播后水热条件适宜一昼夜即可发芽，2～3天大部分发芽出土。苗期耐干旱，忌过量灌溉而引起根腐病。

白梭梭造林可以植苗也可以直播。植苗造林以春季为宜。直播造林成活率很不稳定，直播在冬季及春季均可进行，每亩播种量以带翅种子400克，或去翅种子170克为宜，人工播种、畜力播种和飞机播种都需要进行提高保苗率的研究。白梭梭引种到民勤地区，在沙丘上植苗造林，能够生长，但不及梭梭柴稳定。

（三）柽柳

柽柳以种子繁殖为主，开花盛，结实多，种子小，千粒重0.2克。种子遇到水湿1～2天即可萌芽扎根。人工造林可以采用直播、扦插繁殖，扦插可在春季和秋季，以秋季扦插的成活率高。

柽柳种子发芽率高，插穗萌芽率强，只要造林地选择适当，播种、扦插、栽植皆可成活。造林方法与沙柳类似。

（四）沙拐枣

大灌木状沙拐枣可以插条和实生苗栽植。在干旱地区沙丘采用长插条深栽能提高成活率。据报道，扦插沙拐枣经验证明，40～50厘米的插穗成活率为10%～20%，而长插穗80厘米的成活率达80%，在中卫沙坡头格状沙丘栽植试验表明，乔木状沙拐枣生长非常迅速，春季育苗当年生长高度1.0～1.7米，基径1.8厘米，翌春栽植在格状沙丘的沙障内成活率达73.5%，栽植第二年平均高1.6米，最高达3.1米，平均冠幅1.4×1.1米，最大为3.7米×2.8米。在受到沙压的地方，生长尤为旺盛。

三、沙地牧草栽培技术

（一）豆科牧草

1. 沙打旺

沙打旺豆科黄芪属直立草本，也叫直立黄芪、地丁、麻豆秧、薄地强、苦草、沙大王、斜茎黄芪。原产黄河故道，目前北方各省均有种植，栽培面积早已超过1200万亩。在草原风沙地和黄土丘陵沟壑地尤其受到重视。我国华北、东北、西北、西南均有野生种，朝鲜、日本、蒙古国也有分布。

沙打旺可以单种、混种、间作、套作，在贫瘠的退耕地、还牧田，一般单种、撒播、条播，条播时，行距30厘米，播量2千克左右，穴播用种1.5千克左右。覆土要浅，不超过1～2厘米，撒播可不覆土。在黄河流域，飞机播种要注意选择立地类型，在荒坡地上飞播应选择植被盖度在20%～40%的地类。坡度小于20%，种子易被雨水冲走。盖度大于40%，种子不易接触土壤，发芽后不能入土扎根而被晒死。在沙荒地上撒播（包括飞播）沙打旺，如植被稀少，则应整地、灭虫、松土、蓄水保墒；在有茅草的沙地上，必须彻底整地消灭茅草而后播种。

沙打旺发芽要求土壤水分不低于11%，最好在15%～20%之间，沙地上土壤水分不低于3%，土壤温度10℃，播后2～3天发芽，5～7天出苗。沙打旺种皮薄，吸水快，出芽迅速，但为保证土壤水分，必须正确选择播期。从早春到初秋均可播种，甚至可寄籽越冬，但不同地区可根据气候条件来决定。在风沙危害地区，春旱少雨，不易保苗，雨季和初秋播种为好。可春播的地区，春播要早，最好顶凌播种。

沙打旺苗期生长缓慢，应及时除草，封垄后形成庇荫环境，杂草被抑制。种植沙打旺的地区瘠薄少肥，为保证较高产量有条件的地区应注意施肥。每亩施过磷酸钙25千克，施钾肥和钼酸铵可以提高产量。干旱缺水时，如能灌溉则更好。在积温不足，种子不能成熟的地区，可以种植早熟沙打旺，生育期可缩短20～30天，且结实多。

2. 草木樨

草木樨又名香苜蓿，原产于小亚细亚，广布于世界温带地区。我国内蒙古、东北、华北、西北均有栽培。

白花草木樨为一二年生草本植物，主根发达，入土150厘米以上。主根上部发育成根茎，主根、侧根均可着生根瘤。种子千粒重2～2.5克，1千克种子40万～50万粒。

白花草木樨适应性很强，耐旱、抗寒、耐瘠薄、耐盐碱。它在年降雨量360毫米的地区生长良好。

白花草木樨适宜在干旱半干旱地区生长，它茎叶茂密，也是良好的水土保持植物。草木樨可在贫瘠土壤上播种，并适合与农作物轮作、间作，还适于与林木间作。白花草木樨春、夏、秋播均可，在干旱地区以夏、秋播最好，秋播不能晚于7月中旬，以利越冬，也可冬天寄籽播种。春播最好在早春解冻后抢墒播种，以提高当年产量。条播每亩用种0.75～1.25千克，穴种每亩0.5～1千克。播种深度2厘米～3厘米，行距20～30厘米或45～60厘米。可条播、穴播、撒播，还可以飞播。苗期生长缓慢，要注意除草。

白花草木樨和其他豆科牧草一样，应多施磷肥、钾肥，一般每亩施过磷酸钙15～25千克。

白花草木樨刈割在株高50厘米即可，留茬高度10～13厘米，过低影响再生，雨天不能割草，以免造成根茎腐烂而死亡，最后一次刈割在初霜时进行，过晚影响越冬。亩产鲜草1500～3000千克。白花草木樨种子产量高，每亩可收种子20～50千克。

（二）禾本科牧草

1. 披碱草

披碱草根系较发达，须根。茎直立，基部草质较硬，具3～5节。叶片扁平，两面粗糙。穗状花序，小穗绿色，成熟后变草黄色。花果期7～8月，一般4月返青，到8月种子成熟，种子千粒重4～5克，可保存2～3年。种子繁殖，每亩播种量2千克左右。

披碱草寿命长达10年以上，对土壤适应性广，抗寒力强，在-37℃可以安全越冬。耐旱力稍差。再生力强。披碱草营养丰富，是良好的牧草。

播前须秋翻土地，来春进行播种。最好能施入基肥。干旱地区进行镇压。有灌溉条件的地区应该在播前灌水，以保证播种时土壤墒情良好。种子播前须处理，其芒长，交错成团，不宜分开，致使播种不匀。在4—5月播种为宜，每亩播种量1.5千克左右，如籽好，播量可减少。以条播为好，行距30厘米左右，覆土3～5厘米。苗期生长慢，应注意消除杂草。有条件的地方可在分蘖和拔节期灌溉两次，能提高产量。如收籽，应在种子成熟达80%时刈割；如收草，应于抽穗期刈割。

2. 羊草

羊草别名碱草，为赖草属多年生具根茎的禾本科牧草，是分布较为广泛的一种优良牧草，我国主要分布在东北、华北、西北等地区。羊草在北方草原、草甸草原地区多为群落的优势种或建群种，我国以羊草为主构成的各类羊草草场面积约21万公顷。目前，随着人工草场建设的迅速发展，羊草人工草场的种植面积在不断扩大。两年后亩产羊草可达 200 ~ 500 千克，籽实产量 10 ~ 25 千克 / 亩。

羊草耐寒、抗旱、耐盐碱、耐土壤瘠薄，适应范围很广。在年降雨量 250 毫米、冬季气温 -40.5℃条件下仍能生存，对土壤条件要求不严格，羊草耐碱性强，在 pH 值 9.4 的土壤上仍能正常生长发育，故有"碱草"之称。

羊草寿命长达几十年，再生能力较强，一年可刈草两次。用种子和根茎繁殖均可，根茎发达，根茎芽是重要的无性繁殖器官。将根茎切断，每段保持两个以上根茎节，埋入沟内，可迅速生长发育，是建立草地的有效途径。对退化的天然草场进行翻耕，切断根茎，可迅速增加羊草的产量和质量。

第三节　工程防沙治沙技术

一、沙障治沙技术

（一）沙障的类型

沙障可分为两大类：平铺式沙障和直立式沙障。平铺式沙障按设置方法不同又分为带状铺设式和全面铺设式。直立式沙障按地上高度分为高立式沙障（高出沙面 50 ~ 100 厘米）；低立式沙障（高出沙面 20 ~ 50 厘米），也称半隐蔽式沙障；隐蔽式沙障（几乎全部埋入与沙面平，或稍露障顶）。直立式沙障按透风度分为透风式、紧密式、不透风式三种。

（二）沙障类型及材料的选用

不同类型的沙障有不同的作用，如：以防风蚀固沙为主，应选用半隐蔽式沙障；以截持风沙流为主，应选用透风结构的高立式沙障。

沙障材料一般多采用麦草、稻草、芦苇、高草、枝条、土工布、板条、砾石、黏土等较易取得的材料为主。

（三）常用沙障施工

1. 高立式沙障

选用枝条、芨芨草、芦苇、板条和高秆作物等；把材料做成 70 ~ 130 厘米的高度，在沙丘上画好线，沿线开沟 20 ~ 30 厘米深。将材料基部插入沟底，下部加一些比较短的梢头，两侧培沙，扶正踩实，培沙要高出沙面 10 厘米。最好在降雨后设置。

2. 半隐蔽式草沙障

用麦秆、稻草、芦苇、软秆杂草；在沙丘上垂直主风画线，将材料（麦秆、稻草）均匀横铺在线道上，用平头锹沿画线压在平铺草条的中段用力下踩至沙层 15 厘米左右，然后从两侧培沙踩实。

3. 黏土沙障

黏土沙障在有黏土层分布的沙区，在固沙造林工作中已被广泛应用。由于可以就地取材，不花什么成本费，只花劳力费，所以比较经济合算，而且固沙时间长，设置方法可以行列式设置，也可以格状式设置，只要根据当地自然环境特点进行布置，效果都会是显著的，具体效果基本上与草方格沙障近似。如：增加沙地水分含量，降低地表风速。另外，黏土沙障还有一定的改良土壤的作用，特别是设置沙障后，在沙障的保护下栽植了固沙植物，沙障经过风吹雨淋，慢慢与沙掺和在一起，改变了沙地结构，增加了土壤的肥力，更有利于植物的生长发育。

当然，黏土沙障的采用是受地区性的限制的，有的地方没有黏土或距离黏土的地方较远，材料来源比较困难，就不能运用这种沙障，硬要采用，可能会使它经济合算的优点，变成成本费用高昂的缺点。

二、水力治沙

（一）水力拉沙的概念

水力治沙的内容主要指水力拉沙。水力拉沙是以水为动力，按照需要将沙子输移，是消除沙害及改造利用流沙的一种方法。其实质是利用水力定向控制蚀积搬运，达到除害兴利的目的。水力拉沙可以增加沙地水分，改变沙地的地形，改良土壤，改善沙区小气候，促进沙地综合利用，水力治沙为农、牧、渔等各项生产事业创造了有利条件。

（二）引水拉沙修渠

引水拉沙修渠是利用沙区河流、湖泊、水库等的水源，自流引水或机械抽水，按规划的路线引水开渠，以水冲沙，边引水边开渠，逐步疏通和延伸引水渠道。它是水利治沙的具体措施。引水拉沙修渠的根本目的，是为了开发利用和改造治理沙丘地。

修渠之前要搞好规划设计，根据水量、水位确定引水方式，水位较高，可修闸门直接开口引水修渠；水位不高，可用木桩、柴草临时修坝壅水入渠；水位过低，可用机械抽水入渠。

选择渠线，利用地形图到现场确定渠线的位置、方向和距离，由于沙丘起伏不平，渠道可按沙丘变化，大弯就势，小弯取直。施工和养护施工过程是从水源开始，边修渠边引水，以水冲沙，引水开渠，由上而下，循序渐进。做法是在连接水源的地方开挖冲沙壕，引水入壕，将冲沙壕经过的沙丘拉低，沙湾填高，变成平台，再引水拉沙开渠或人工开挖渠道。渠道经过不同类型的沙丘和不同部位时，可采用不同的方法。

沙区渠道修成之后，必须做好防风、防渗、防冲、防淤等防护措施，才能很好地发挥渠道的效益。

（三）引水拉沙造田

引水拉沙造田是利用水的冲力，把起伏不平、不断移动的沙丘，改变为地面平坦、风蚀较轻的固定农田。这是改造利用沙地的一种方法。

1. 拉沙造田的规划设计

拉沙造田必须与拉沙修渠进行统一规划，造田地段应规划在沙区河流两岸、水库下游和渠道附近或有其他水源的地方。

2. 拉沙造田的田间工程

拉沙造田的田间工程包括水源、引水渠、蓄水池、冲沙壕、围埝、排水口等。这些田间工程的布设，既要便于造田施工，节约劳力，又要照顾造出的农田布局合理。

引水渠连接支渠或干渠，或直接从河流、海子开挖，引水渠上接水源，下接蓄水池。造田前引水拉沙，造田后大多成为固定性灌溉渠道。如果利用机械从水源直接抽水造田，可不挖或少挖引水渠。蓄水池是临时性的贮水设施，主要起抬高水位、积蓄水量、小聚大放的作用。蓄水池下连冲沙壕，凭借水的压力和冲力，冲移沙丘平地造田。在水量充足、压力较大时，可直接开渠或用机械抽水拉沙，不必围筑蓄水池。

冲沙壕挖在要拉平的沙丘上，水通过冲沙壕拉平沙丘，填淤洼地造田块，冲沙壕比降要大，在沙丘的下方要陡，这样水流通畅，冲力强，拉沙快，效果好。冲沙壕一般底宽0.3～0.6米，放水后越冲越大，沙子被流水夹带到低洼的沙湾，削高填低，直至沙丘被拉平。

围埝是拦截冲沙壕拉下来的泥沙和排出余水，使沙湾地淤填抬高，与被冲拉的地段相平。围埝用沙或土培筑而成，拉沙造田后变成农田地埝，设计时最好有规格地按田块规划修筑成矩形。排水口要高于田面，低于田埝，起控制高差、拦蓄洪水、沉淀泥沙、排除清水的作用。排水口还要用柴草、砖石护砌，以防冲刷。

3. 拉沙造田的具体方法

在设置好田间工程后，即可进行拉沙造田。由于沙丘形态、水量、高差等因素的不同，拉沙造田的方法也各有差异。一般按拉沙的冲沙壕开挖部位来划分，有顶部拉、腰部拉和底部拉三种基本方式，又因沙丘形态的变化形成下列具体方法：抓沙顶、野马分鬃、旋沙腰、劈沙畔、梅花瓣等。

三、风力治沙

风力治沙措施主要应用于公路防沙，也可利用风力拉沙造田，修渠筑堤，掺沙压碱，改良土壤，增加土地资源。

（一）风力治沙的概念

风力治沙是以风为动力，人为地干扰控制风沙的蚀积搬运，因势利导，变害为利的一种治沙方法。

（二）风力治沙的技术措施

风力治沙的基本措施是以输为主，兼有以固促输，固输结合。

1. 以固促输，断源输沙

要防止某地段被沙埋压或清除其上的积沙，就在该地段上风区，采取措施固定流沙，切断沙源，使流经防护区的风沙流成为非饱和气流，使此处的积沙被气流带走，或以非堆积搬运形式越过防护区，使被保护物免受积沙危害。

2. 集流输导

集流输导是聚集风力，加大风速，输导防护区的积沙，消除沙埋危害的一种方法。集中风力的方法很多，最常见的有聚风板法。采用聚风板常用聚风下输法、水平输导法。

3. 反折侧导

被保护物如果遭受流沙危害时，可以用促使近地表气流换向的措施，改变流沙的输移方向，避开被保护物。一般用不透风的机械沙障进行侧导，在设置前，首先要了解地形和输导方向，确定沙障的位置和角度，导走流沙的处理场所。地形是否有利于流沙的折向输走，采用1米左右高的不透风沙障或导沙板，排列成连续的沙障。

4. 改变地表状况

促进流沙输导，被保护地段要尽量清除障碍，筑成平滑坚实的下垫面，把陡坡变缓，筑成圆滑的弧形，使气流附面层不产生分离，达到输沙的目的。在防护区铺设一些砾石或碎石，增加跃移沙的反弹力，加大上升力，调节风沙流结构，减少较低层的沙量，造成防护区风蚀，起到输沙目的。由于地上风速随高度的增加而增加，所以在公路防沙时，路基要高出附近地表，以增大风速，便于输沙。

第四节　综合防沙治沙技术

一、水资源科学利用技术

（一）地表水开发利用和保护

1. 地表水开发的常见方式

（1）无坝引水：当水源（河、湖、库）水量充足，流量大，水位较高，能满足灌区需要时，主要修建进水闸引水灌溉。（2）低坝引水：当水源（河、湖、库）水量充足，但水位较低时，须在河流上修建滚水坝，抬高水位，实现自流引水灌溉。（3）抽水取水：在河流水量丰富，但灌区位置高时，须采取抽水方式（建扬水站）引水灌溉。（4）建库蓄水：当河流流量不足、水位不高，不能满足灌溉需要时，则须选适当地点，建水库蓄水，调节径流，满足灌溉需要。（5）综合取水方式：指蓄水、引水、提水相结合的灌溉方式。

2. 地表水保护

针对目前自然河流的水质污染，首先需要制定一系列保护河流免受污染的政策，对于排污水严重的工厂坚决予以关停，或通过经济上的惩罚，使其建立污水处理设施，让排出的水达到一定的标准；其次，要通过积极的宣传，让人们意识到污染水环境的严重后果，培养人们自觉保护水资源的意识，通过社会监督和政府监督相互结合，可有效地保护我们的水资源。

（二）劣质水利用技术

淡水缺乏地区，需要利用一些质量不高的水，如：浑水、污水、废水、咸水等进行灌溉，若措施得当，也能取得较好效果。

1. 苦咸水淡化

在淡水缺乏而有苦咸水的地区，可通过咸水淡化方法解决饮用水和部分经济作物灌溉问题。淡化咸水主要用电解法、化学法，但因其成本高，设备较复杂，难以在贫困沙区推广，须寻找低成本、简单易行的咸水淡化方法：如用太阳能淡化咸水。可建一个蒸凝棚，在太阳辐射下，苦咸水蒸发变成水汽，沉淀盐分，饱和水汽在凝棚内表面遇冷凝结，沿内表面流下，顺集流槽进入收集器。此法能源足，装置简单，投入小，应用性强，易推广，每户都可用。

2. 污水灌溉技术

污水灌溉是利用经过处理的城镇生活污水、工业废水进行灌溉，合理利用有如下作用：

①增加土壤肥力：通常生活污水中含氮、磷，还含有钙、镁、锰、铜、锌、钴等多种微量元素及丰富有机质，可增加作物产量。②保护环境：土壤含有多种无机、有机物质的多孔介质，生长着种类繁多的动物、植物、微生物，污水进入土体会发生一系列物理化学变化，使一些有毒物质失去活性或降解，但是污水未经处理或利用不当会导致作物质量产量下降，土壤性状恶化，造成荒漠化，疾病、寄生虫传染人畜。

目前，污水灌溉多用于城郊农区和干旱缺水区农灌。①污水灌溉水质指标：因污水含有害有毒物质，灌溉前必须进行检测，看是否达到灌溉水质要求，未达到时要进行必要的处理。②污水分类及利用方式：污水因水质不同，处理方法也不同。生活污水有毒有害物质较少，处理较简单，经沉淀、拦污、稀释之后即可灌田。工业废水成分复杂，有毒物质较多，须经过拦污、沉沙、沉淀、滤地生物氧化处理，曝气池氧气溶解于污水，回收有害金属和有害有机物，使水质达标，入渠灌溉。③灌溉时间与定额：污水灌溉须严格掌握时间与定额，防止出问题。一般小苗少灌，大苗多灌，生长期少灌或不灌，避免后期贪青倒伏或残毒积累。污水以灌溉大田作物为宜，青菜尤其生食瓜菜、块根作物不宜使用。沙土区地下水浅，靠近水源地方也不宜使用，防止污染地下水。

（三）节水灌溉技术

1. 改进地面灌溉技术

传统的地面灌溉主要是畦灌、沟灌、漫灌、淹灌四种灌溉方法，它们虽有操作方便、成本低、节能等优点，但也有灌水定额大、均匀性差、深层渗漏严重、劳动强度大等缺点。为提高灌水质量，节约用水，广大群众和科技人员通过实践总结出不少先进实用的节水灌溉技术，取得了明显的节水灌溉效果。

2. 沙地果园塑料袋穴渗法

沙地果园灌水方法很多，但多数地方仍采用地面灌水方法，其中以沙地果园塑料袋穴渗法为主。具体方法如下：用直径3厘米、长10~15厘米塑料管，一端插入容量为30~35千克的塑料袋内1.5~2.0厘米，用细铁丝绑扎固定；另一端削成马蹄形，适当用火烤，留出直径2毫米小孔，控制其每小时出水量2千克左右（大约每分钟110~120滴）为度。在树冠投影的地面上挖3~5个深20厘米、倾角25°的浅坑。把塑料袋倾斜放入坑中。先把塑管埋入30~40厘米以下土壤中，使水或水肥混合液从管中渗出灌溉果园，是一种省水、高效的好办法。

3. 低压管道渗水灌溉技术

低压管道渗水灌溉技术是以管道输水进行地面灌溉的一种方法，管道系统工作压力一般不超过0.2兆帕（MPa）。低压管道灌溉通过低压波纹管、塑料管、水泥管等管道将水从水库、池塘等地直接引进田间，它是取代渠道的一种节水灌溉方式。普通的渠道灌溉沿等高线输水，受地势限制不能满足丘陵、山区等农田的灌溉需求，而且存在着渗水、漏水等问题。而低压管道灌溉技术很好地避免了这些问题，它沿低压管道直线行走，不受地势影响，适用于丘陵、山区农田灌溉，不仅节水，而且节约土地，是发展效益农业的有效灌溉方式。

4. 喷灌

喷灌是利用专用设备把水加压后使水通过管道经过一定距离到达安装在灌道上的喷头上，像下雨一样喷洒在地面上达到灌溉的目的，适用范围广，对土质、地形要求不严，但对林地、果树不太适宜，更适合秸秆植物。水中泥沙过多应经过处理后再用。

5. 滴灌

滴灌是将具有一定压力的水过滤后通过滴灌系统从滴头均匀而缓慢地一滴滴进入植物根层以上的局部灌溉方法。滴灌最适合沙地使用，尤其在沙漠地区有显著的优越性。

二、渠系建设与渠道防渗技术

在沙区，灌渠渗漏造成了水资源的重大损失。为减少渗漏，提高渠水利用系数，将各级渠道进行防渗处理是应用最广泛的措施之一。常用土料、石料、膜料、混凝土和沥青混凝土等材料加做渠道防渗层，有时也构成复合结构，达到防渗的目的。

（一）土料防渗

本法是将渠基土夯实，或在渠床表面铺一层夯实的土料防渗层。土料防渗具有一定的防渗效果，为 0.07～0.17 立方米/（平方米·天），且可就地取材，造价低，技术简单易掌握，但允许流速小，持久性差。适于气候温和和流速小的中小渠道，也限于当地有丰富土料资源。若防渗要求高，又沙石料缺乏，可用土壤固化剂对土料进行固结处理。

（二）水泥土防渗

1. 特点与运用条件

本法分为干硬性水泥土（适于北方）和塑性水泥土（适于南方），具较好的防渗效果。能就地取材，造价低，技术简单易掌握，水泥用量与低标号混凝土的水泥用量相当，但允许流速小，抗冻性差。适于温暖且就近有沙土沙壤而缺乏沙石料的渠道。

2. 防渗结构和材料

本法分有无保护层两种。防渗层厚度宜采用 8～10 厘米，小渠不小于 5 厘米，大渠及工作条件差的明渠宜用塑性水泥土铺筑，表面用水泥砂浆、混凝土预制板、石板等作保护层，这种复合结构好处很多，很有实用价值。无保护层的水泥土水泥可适当减少，但水泥 28 天抗拉强度不应小于 1.5 兆帕，防渗层厚度 4～6 厘米。

（三）混凝土防渗

①特点与运用条件：混凝土防渗效果好，输水能力大，经久耐用，便于管理，需要按照当地的土壤状况和气候条件而定。②防渗结构和材料：需要按照当地的土壤状况和气候条件而定。

（四）沥青混凝土防渗

①特点与运用条件：属于柔性结构，防渗能力强，适应变形能力好，适于冻害及附近有沥青料地区。②防渗结构与材料：该法分有无整平胶结层两种，在岩石地基渠道才用整平胶结层。为提高效果，防老化，沥青混凝土表面涂刷沥青马蹄脂后封闭，涂刷时要注意高温下不流淌，低温下不脆裂，具较好的热稳定性和变形性能。

三、农业节水技术

（一）选用耐旱作物与品种

沙区旱地一般应选种耐旱品种，如：谷子、糜子、马铃薯、荞麦、豆类等作物中的综合性状好的优良品种，同等条件下，良种一般可增产20%～30%。

在干旱沙区应选用耐旱耐瘠的高产品种，它们能适应"艰苦"条件，这些品种抗旱力强，减产幅度小，比较稳定。

（二）增施有机肥与平衡施肥

有机肥与化肥配合，氮肥、磷肥、钾肥与微肥配合，可协调土壤速效和缓效养分供应，提高水分利用率。在生产中采用测土、配方、施肥，氮肥、磷肥、钾肥合理搭配，施肥适宜深度为15～20厘米。北方沙旱区水分不是直接限制作物产量提高的因素，但土壤肥力过低或不能施肥也是限制水分潜力发挥的主要因素。旱区水肥管理与高效利用技术就是根据水分条件合理施肥，促进作物根系深扎，扩大吸水范围，利用深层水分提高作物蒸腾与光合作用，减少土壤无效蒸发，增加降雨和浇水的利用率，达到以水保肥、以肥调水、增加产量的目的。

（三）强化田间管理

加强中耕、除草、病虫害防治等田间管理措施。应根据当地水文条件量水施肥，高水高肥，低水低肥，最大限度，发挥水肥综合增产效果。根据气候条件合理施肥，如：高温季节和地区，多施有机肥，寒旱地区多施速效肥；沙区光照好、作物代谢强应多施肥料，还要考虑土壤肥力特点增施决定作物产量的相对含量最少的土壤养分，沙地多施氮肥，特别注意某些作物对个别元素的需求和禁忌，如：豆科作物需钴、马铃薯喜钾等特点。沙土地还要注重有机肥和泥肥以改良土质，提高保水保肥能力。

还须注意作物水分、养分的临界期和最大效率期，及时供水肥，一般作物生长初期对氮肥敏感，中后期需磷肥、钾肥较多；最大效率期是指作物生长快、水肥需求绝对数量和吸收速度都最高、增产最显著的时期，如：玉米抽穗初期、小麦拔节到抽穗期应加大水肥供应。

四、沙地地表覆盖技术与化学控制技术

（一）地表覆盖技术

地表覆盖是有效的保墒措施，已得到广泛推广。它能抑制土壤水分蒸发，可蓄水保墒，保温增温调温，保护表土不受风水侵蚀，改善土壤物理性质，培肥地力，抑制杂草和病虫害，提高水分利用率，减轻干旱威胁，促进作物生长发育，获得稳产高产。大部分材料可就地取材。

（二）化学控制技术

化学控制保水节水技术是节水的重要途径。保水节水化学制剂以组成分为四类：无机化合物；有机小分子；有机高分子；植物生育调节剂。按用途及施用部位可分为种子抗旱制剂、保水剂等。

五、沙区生态经济、特色经济、科技经济多种经营

（一）沙区生态农牧业

1. 沙区生态农业

沙区生态农业是把农业生产、农村经济发展和生态环境治理与保护、资源培育和高效利用融为一体的新型综合农业体系。它是以环境科学为基础理论，遵循生态学、生态经济学，运用系统工程的方法，通过经济与生态良性循环，实现农村经济高效、持续、稳定、协调发展的现代化农业生产体系。

在我国人口众多、资源短缺、环境严重破坏的国情条件下，如何实现农业持续发展，走出困境，必须做出科学的选择，走农、林、牧、副、渔各业多种经营，资源保护与合理利用，生态与经济协调发展的道路——生态农业的道路。可见，选择生态农业有它的客观必然性。它解决了生产、经济与生态间的突出矛盾，成为我国农业可持续发展的具体体现

形式。

2. 主要技术措施

生态农业主要应用生态工程技术及传统农作技术对农业生态系统进行设计和管理，并配合相应的配套技术，运用优化方法，设计多层次多级利用资源的生产系统。充分发挥资源的生产潜力，防止环境污染，达到经济与生态效益同步发挥。生态农业的主要技术有：立体种养技术，这是劳动密集型技术，是浓缩我国传统农业精华的技术模式。它与现代新技术、新材料结合，使这一技术的优势得到更充分的发挥。

立体种养技术通过协调作物与作物之间、作物与动物之间，以及生物与环境之间的复杂关系，充分利用互补机制并最大限度地避免竞争，使各种作物、动物能适得其所，以提高资源利用率及生产率。这类模式在我国农区相当普遍，尤其是资源条件较好、生产水平较高的地区更是类型多样，成为解决人多地少、增产增收的主要途径。有机物质多层次利用技术通过物质多层次、多途径循环利用，实现生产与生态的良性循环，提高资源利用率，是生态农业中最具代表性的技术手段，主要通过种植业、养殖业的动植物种群、食物链及生产加工链的组装优化加以实现。

3. 科学施肥

在农牧业地区，首先考虑畜禽粪便的施肥利用，在科技不发达的地区，粪便未能有效利用，只能经过一段时间的发酵后，直接施到农地，以提高土地的肥力，增加农作物的产量。在科技发达的地区，粪便经过一系列的利用，如：作为沼气池发酵用的沼气，喂养鸡鸭后再用作有机肥料等；除此之外，还必须施加一些化学肥料，以增强植物抗病害的能力。施肥的另一种方式是利用农作物的秸秆，其产量巨大，秸秆的一部分直接还田外作为肥料，还有一部分作为饲料供牛、羊等草食动物食用。

4. 合理间作与轮作

注意轮作倒茬，合理间作套种，同种农作物易发生相同病害，为防止病源的传播与蔓延，应有计划地进行轮作，尤其是瓜类与茄类蔬菜生产。实践证明，合理间作套种选择互利组合，进行立体种植，有利于减轻病虫草害发生。

（二）沙区特色经济农牧业

沙区群众可以根据当地的自然地理状况，发展具有特色经济的农牧业。呼伦贝尔市的奶牛和大豆，兴安盟的水稻，通辽市、赤峰市的玉米，锡林郭勒盟的牛羊肉，乌兰察布市的马铃薯，巴彦淖尔市的小麦，鄂尔多斯市、阿拉善盟的绒山羊，等等，各具特色，优势突出。可以在当地政府的扶助下走具有特色经济的沙区农牧产业道路，调整地区的经济结构。积极、主动地宣传绿色消费是一种新的消费时尚，农畜产品大多产于无污染的大草原，是天然的绿色产品，可以迎合市场需求，突出绿色品牌，发展当地的经济，发展特色经济和优势产业的同时，要避免结构雷同的重大举措。

（三）沙区科技经济农牧业

沙区科技经济农牧业是大力推广生态农业、立体种植、工厂化育苗等高新技术成果，引进推广农业新技术，用于对传统农业进行嫁接改造，提高农业新技术覆盖率、良种普及率。依靠技术创新，不断提高农业科技含量，注重硬件建设。比如修建道路，有条件灌溉的地方修建农渠，建立农产品批发市场，建立蔬菜养殖基地，等等；同时，还要求高度重视生态治理关键技术的研究与推广，重点开展沙尘暴成因的研究；加强适宜性植物种研究，适宜种及苗木筛选、配置、处理技术研究；以草定畜、种草轮牧、舍饲和半舍饲模式的研究；生物与工程防治措施结合的研究；不同生态类型区高效节水集水技术研究；沙地综合治理技术与持续利用模式，困难立地造林技术研究；等等。

（四）沙区多种经营、综合经营

要积极探索生态治理的产业化与经营型模式。发展多种经营、综合经营，实现生态效益、社会效益与经济效益协调发展的统一。

沙区可开展农、林、牧、副、矿各业综合经营的路子，努力发展沙区经济，提高人民的生活水平，增加农牧业的经济产出，从多方面考虑产生的经济效益，加大科技投入，引进各种人才。

第五节　沙区能源开发技术

一、风能

（一）风力机

风力机是以风力为能源，将风能转化为机械能、电能、热能等形式而做功的一种动力机械。它是风能开发必备的机械，通过它把风能转换成为生产生活所需要的能源形式。风力机可以用来发电、照明、提水、粉碎等。

（二）风力发电

我国是从户用小型发电技术机起步的，近年来得到稳定发展，尤其在沿海及草原地区，可解决边远地区用户发电，满足照明、看电视、通信等多方需要，受到牧民、渔民的欢迎，尤其在荒漠化地区更发挥出重要作用。

（三）风力提水技术

风力提水在我国有悠久历史。这一内容在荒漠化地区显然是相当重要的，对农牧业生产有很大的实用意义。20 世纪 70 年代以来，风力提水机械研制与改进已列入新能源开发项目，目前已有十多种不同形式的风力提水机开发成功并投入使用。

风力提水除灌溉外，在盐碱地可提水洗盐改土；还可与小电站配套，利用有利地形，构成蓄能电站，将水轮机流出的水送入水库，增加电站发电能力。风力提水节省电力、汽油、柴油，消除环境污染。

（四）风力成水淡化技术

利用风力发电驱动淡化装置（电渗析器），将苦咸水淡化为饮用水过程。水温 9℃～19℃时，总脱盐率达 70%。

二、太阳能

在广大农村居民和城镇居民中，最普遍、最大量的应用方式是太阳灶、太阳能热水器、太阳房等，这些利用对缓解荒漠化地区农村和城镇缺柴少烧的困难，解决炊事、取暖、热水、生活用能，高效栽培，保护植被，防止生态恶化，改善和提高群众的生活质量与水平，加强文明建设，发展生态农业都具有重要意义。

第一，太阳灶是利用多种反射镜面汇聚阳光使所获得的热能直接用来煮饭、烧水的一种简易装置。在植被最缺乏、能源最紧张，而阳光充足、最需要太阳灶的干旱、半干旱、半湿润的荒漠化地区广大农村和城镇，太阳灶的普及率不高，目前亟须广泛推广用。

第二，太阳能热水器是在全国推广应用最普遍的加热水的太阳能装置。它更应在广大荒漠化地区农牧区基层广泛推广。充分利用该区丰富的太阳光资源，普及太阳能热水器，节省大量植物能源，提高群众生活水平。

三、沼气

（一）沼气的作用

有效地解决能源与照明，改善农民生活，改善环境；提高肥效，为农业高产稳产创造条件；有利于搞好环境卫生，除害灭病，提高农民健康水平；有利于发展畜牧业，增加收入，有利于促进当地工业发展，提高人民生活水平。用沼气煮饭、烧水、点灯必须有良好的输气设备和灯、灶具，输送设备有管道、接头、开关、喷嘴、水拉压力机等。

（二）沼肥施用

沼肥既有大量水分，也有大量速效养分，易于吸收。施用沼渣改良土壤，增加土壤有机质，氮肥、磷肥增加孔隙度，降低容重，增加活土层，提高抗旱能力。粪液可直接作追肥，结合灌水施，植物旁挖 6 ～ 10 厘米深穴、沟，深施覆土；冲水泼施；作基肥要用干土掺和，封闭保存，整地时施入；粪液稀释 2 ～ 4 倍，用于根外喷施效果好。

参考文献

[1] 王培君. 林业生态文明建设概论 [M]. 北京：中国林业出版社,2022.

[2] 唐芳林. 生态文明建设丛书国家公园体系研究 [M]. 北京：中国林业出版社,2022.

[3] 张爱生, 吴艳. 林业发展与植物保护研究 [M]. 长春：吉林科学技术出版社,2022.

[4] 周小杏, 吴继军. 现代林业生态建设与治理模式创新 [M]. 哈尔滨：黑龙江教育出版社,2021.

[5] 王浩, 李群. 生态林业蓝皮书中国特色生态文明建设与林业发展报告 2020—2021[M]. 北京：社会科学文献出版社,2021.

[6] 王贞红. 高原林业生态工程学 [M]. 成都：西南交通大学出版社,2021.

[7] 王海帆. 生态恢复理论与林学关系研究 [M]. 沈阳：辽宁大学出版社,2021.

[8] 和平. 生态恢复工程 PPP 项目管理技术与实践 [M]. 昆明：云南科技出版社,2021.

[9] 权怡. 安徽湿地保护修复实践与探索 [M]. 合肥：合肥工业大学出版社,2021.

[10] 吴保国, 苏晓慧. 现代林业信息技术与应用 [M]. 北京：科学出版社,2021.

[11] 张乃明. 生态文明示范区建设的理论与实践 [M]. 北京：化学工业出版社,2021.

[12] 王瑶. 森林培育与林业生态建设 [M]. 长春：吉林科学技术出版社,2020.

[13] 刘润乾, 王雨, 史永功. 城乡规划与林业生态建设 [M]. 哈尔滨：黑龙江美术出版社,2020.

[14] 李泰君. 现代林业理论与生态工程建设 [M]. 北京：中国原子能出版社,2020.

[15] 展洪德. 面向生态文明的林业和草原法治 [M]. 北京：中国政法大学出版社,2020.

[16] 吴鸿. 主要经济林树种生态高效栽培技术 [M]. 杭州：浙江科学技术出版社,2020.

[17] 李宁. 林业生态建设科技与治理模式研究 [M]. 长春：吉林科学技术出版社,2019.

[18] 邢旭英, 李晓清, 冯春萱. 农林资源经济与生态农业建设 [M]. 北京：经济日报出版社,2019.

[19] 蒋志仁, 刘菊梅, 蒋志成. 现代林业发展战略研究 [M]. 北京：北京工业大学出版社,2019.

[20] 王华丽. 中国森林保险区域化发展研究 [M]. 成都：电子科技大学出版社,2019.

[21] 赵爱云, 齐萌, 井波. 动物保护与福利 [M]. 北京：中国农业科学技术出版社,2019.

[22] 刘鉴毅. 长江口珍稀濒危水生动物及保护 [M]. 北京：科学出版社,2019.

[23] 谷文瑞. 动物的保护色 [M]. 北京：北京语言大学出版社,2019.

[24] 舒梅, 杜飞, 江波. 植物保护技术 [M]. 成都：电子科技大学出版社,2019.

[25] 周祥 , 耿月锋 . 植物保护理论分析及其技术发展前沿探究 [M]. 咸阳 : 西北农林科技大学出版社 ,2019.

[26] 陈宇飞 , 文景芝 . 植物保护 [M]. 北京 : 中国农业出版社 ,2019.

[27] 李豫富 . 植物保护 [M]. 广州 : 广东教育出版社 ,2019.

[28] 毛卫清 . 植物保护技术 [M]. 成都 : 四川科学技术出版社 ,2019.

[29] 陈啸寅 , 邱晓红 . 植物保护 [M].4 版 . 北京 : 中国农业出版社 ,2019.

[30] 刘玉升 . 生态植物保护学原理与实践 [M]. 北京 : 中国农业科学技术出版社 ,2019.